Réussir

Eureka Math®
3e année
Modules 5 à 7

Great Minds PBC is the creator of Eureka Math®,
Wit & Wisdom®, Alexandria Plan™, and PhD Science™.

Published by Great Minds PBC. greatminds.org

Copyright © 2020 Great Minds PBC. All rights reserved. No part of this work may be reproduced or used in any form or by any means—graphic, electronic, or mechanical, including photocopying or information storage and retrieval systems—without written permission from the copyright holder.

ISBN 978-1-64929-083-0

1 2 3 4 5 6 7 8 9 10 XXX 25 24 23 22 21 20

Printed in the USA

Apprendre ♦ Pratiquer ♦ Réussir

Le matériel pédagogique d'*Eureka Math*® pour *A Story of Units*® (maternelle-5e) est proposé dans le trio *Apprendre, Pratiquer, Réussir*. Cette série prend en charge la différenciation et la remédiation tout en gardant les documents pour les élèves organisés et accessibles. Les éducateurs constateront que la série *Apprendre, Pratiquer,* et *Réussir* propose également des ressources cohérentes—et donc plus efficaces—pour la réponse à l'intervention (RAI), la pratique supplémentaire et l'apprentissage pendant l'été.

Apprendre

Apprendre d'*Eureka Math* sert de compagnon de classe aux élèves, où ils montrent leurs réflexions, partagent ce qu'ils savent, et voient leurs connaissances s'enrichir chaque jour. *Apprendre* rassemble le travail quotidien en classe—Problèmes d'application, Tickets de sortie, Séries de problèmes, Modèles—dans un volume organisé et facilement navigable.

Entraînement

Chaque leçon *Eureka Math* commence par une série d'activités de perfectionnement énergiques et joyeuses, y compris celles se trouvant dans *Pratiquer d'Eureka Math*. Les élèves qui maîtrisent déjà leurs savoirs en mathématiques peuvent acquérir une plus grande maîtrise pratique, encore plus approfondie. Avec *Pratiquer,* les élèves acquièrent des compétences dans les savoirs nouvellement acquis et renforcent leurs apprentissages antérieurs en vue de la leçon suivante.

Ensemble, *Apprendre* et *Pratiquer* fournissent tout le matériel imprimé que les élèves utiliseront pour leur enseignement fondamental des mathématiques.

Réussir

Réussir d'*Eureka Math* permet aux élèves de travailler individuellement vers leur maîtrise. Ces séries additionnelles de problèmes font correspondre chaque leçon à l'enseignement en classe, ce qui les rend idéaux comme devoirs ou entraînements supplémentaires. Chaque ensemble de problèmes est accompagné d'une Aide aux devoirs, un ensemble d'exemples concrets qui illustrent comment résoudre des problèmes similaires.

Les enseignants et les tuteurs peuvent utiliser les livres *Réussir* des niveaux précédents comme outils cohérents avec le programme pour combler des lacunes dans les connaissances fondamentales. Les élèves s'épanouiront et progresseront plus rapidement parce que les modèles familiers facilitent les connexions au contenu de leur niveau scolaire actuel.

Élèves, familles, et éducateurs :

Merci de faire partie de la communauté *Eureka Math*®, qui célèbre la passion, l'émerveillement et le plaisir des mathématiques.

Rien ne vaut la satisfaction de la réussite : plus les élèves sont compétents, plus leur motivation et leur engagement sont grands. Le livre *Eureka Math Réussir* fournit les conseils et les exercices supplémentaires dont les élèves ont besoin pour consolider leurs connaissances de base et acquérir la maîtrise de nouveaux matériaux.

Que contient le livre Réussir *?*

Les livres *Eureka Math Réussir.* fournissent des ensembles d'exercices pratiques qui complémentent les leçons de *Une histoire d'unités*®. Chaque leçon de *Réussir* commence par un ensemble d'exemples travaillés, appelés *Aides aux devoirs*, qui illustrent la façon dont le programme d'études utilise la modélisation et le raisonnement pour renforcer la compréhension. Ensuite, les élèves s'exercent à l'aide d'une série de problèmes soigneusement séquencés afin de partir d'une zone de confort, puis augmentent progressivement en complexité.

Comment utiliser Réussir *?*

La série de livres *Réussir* peut être utilisée comme enseignement différencié, exercices pratiques, devoirs ou comme soutien scolaire. Associées à *Affirmé*®, le système d'évaluation numérique d'*Eureka Math*, les leçons de *Réussir* permettent aux éducateurs de dispenser une pratique ciblée et d'évaluer les progrès des élèves. L'alignement de *Réussir* avec les modèles mathématiques et le langage utilisés dans *Une histoire d'unités* garantit aux élèves de comprendre les liens et la pertinence de leur enseignement quotidien, qu'ils travaillent sur les compétences de base ou qu'ils approfondissent leurs savoirs.

Où puis-je en savoir plus sur les ressources Eureka Math *?*

L'équipe de Great Minds® s'engage à aider les élèves, les familles, et les éducateurs avec une bibliothèque de ressources en constante expansion, disponible sur le site eureka-math.org. Le site Web propose également des histoires de réussite inspirantes survenues dans la communauté *Eureka Math*. Partagez vos idées et vos réalisations avec d'autres utilisateurs en devenant un Champion d'*Eureka Math*.

Meilleurs vœux pour une année remplie de moments Eureka !

Jill Diniz
Directeur des mathématiques
Great Minds

Contenu

Module 5 : Fractions sous forme de nombres sur la ligne numérique

Sujet A : Diviser un tout en parties égales

Leçon 1 3

Leçon 2 7

Leçon 3 11

Leçon 4 15

Sujet B : Fractions unitaires et leur relation avec le tout

Leçon 5 19

Leçon 6 23

Leçon 7 27

Leçon 8 31

Leçon 9 35

Sujet C : Comparer des fractions unitaires et spécifier le tout

Leçon 10 39

Leçon 11 43

Leçon 12 49

Leçon 13 55

Sujet D : Fractions sur la ligne numérique

Leçon 14 61

Leçon 15 65

Leçon 16 69

Leçon 17 73

Leçon 18 77

Leçon 19 81

Sujet E : Fractions équivalentes

Leçon 20 85

Leçon 21 89

Leçon 22 93

Leçon 23 97

Leçon 24 101
Leçon 25 105
Leçon 26 109
Leçon 27 113

Sujet F : Comparaison, ordre et taille de fractions

Leçon 28 117
Leçon 29 121
Leçon 30 125

Module 6 : Collecte et affichage de données

Sujet A : Générer et analyser des données en catégories

Leçon 1 131
Leçon 2 135
Leçon 3 139
Leçon 4 145

Sujet B : Générer et analyser des données de mesure

Leçon 5 149
Leçon 6 153
Leçon 7 157
Leçon 8 161
Leçon 9 165

Module 7 : Problèmes de géométrie et de mesures

Sujet A : Résoudre des problèmes

Leçon 1 171
Leçon 2 175
Leçon 3 179

Sujet B : Attributs de figures en deux dimensions

Leçon 4 183
Leçon 5 187
Leçon 6 191
Leçon 7 195
Leçon 8 199
Leçon 9 203

Sujet C : Résoudre des problèmes avec le périmètre

Leçon 10 207

Leçon 11 211

Leçon 12 215

Leçon 13 219

Leçon 14 223

Leçon 15 227

Leçon 16 231

Leçon 17 235

Sujet D : Noter le périmètre et des données sur l'aire sur des lignes droites

Leçon 18 239

Leçon 19 243

Leçon 20 249

Leçon 21 255

Leçon 22 259

Sujet E : Résoudre des problèmes avec le périmètre et l'aire

Leçon 23 263

Leçon 24 267

Leçon 25 271

Leçon 26 275

Leçon 27 279

Leçon 28 283

Leçon 29 287

Leçon 30 291

Sujet F : L'année en revue

Leçon 31 297

Leçon 32 301

Leçon 33 305

3e année

Module 5

UNE HISTOIRE D'UNITÉS   Leçon 1 Aide aux devoirs 3•5

1. Un bécher est plein quand le liquide atteint la ligne près du dessus. Estime la quantité d'eau dans le bécher en noircissant le dessin tel qu'indiqué.

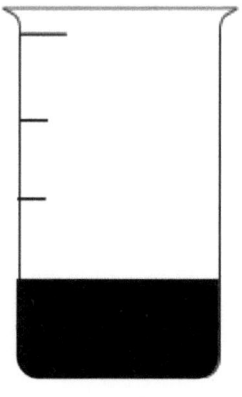

1 quart

> Tout d'abord, je dois diviser mon tout en 4 parties égales. Je peux estimer qu'il faut tracer une marque de tique à mi-chemin entre le haut et le bas du bécher, puis faire des marques de tique au milieu de chaque moitié. Après cela, il me suffit d'ombrer une des parties égales.

2. Juanita coupe son morceau de fromage en parties égales tel qu'illustré ci-dessous. Dans le blanc ci-dessous, nomme la fraction de morceau de fromage représentée par la partie grisée.

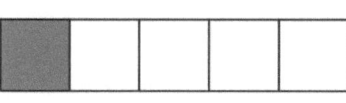

> Il y a 5 parties égales, donc chaque partie est un cinquième. Seul 1 cinquième est ombragé. Je peux utiliser la forme unitaire pour nommer la fraction puisque je n'ai pas encore appris la forme numérique.

3. Dans l'espace ci-dessous, dessine un petit rectangle. Fais une estimation d'une division en 6 parties égales. Combien de lignes as-tu tracées pour faire 6 parties égales ? Quel est le nom de chaque unité fractionnaire ?

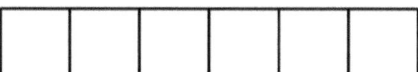

Il a fallu 5 lignes pour faire 6 parties égales. Chaque unité fractionnaire est un sixième !

> Pour diviser un rectangle en 6 parties égales, je peux tracer une ligne pour le diviser en deux et ensuite diviser chaque moitié en 3 parties égales. Quand j'ai 6 parties égales, mon unité fractionnaire est le sixième !

Leçon 1 : Spécifier et diviser un tout en parties égales, identifier et compter des fractions unitaires à l'aide de modèles concrets.

Copyright © Great Minds PBC

3

4. Rochelle a une ficelle qui mesure 15 pouces (15 in) de long. Elle la découpe en morceaux qui mesurent 5 pouces (5 in) de long. Quelle fraction de la ficelle représente 1 morceau ? Utilise la bande de la leçon pour t'aider. Fais un dessin pour montrer la ficelle et comment Rochelle la découpe.

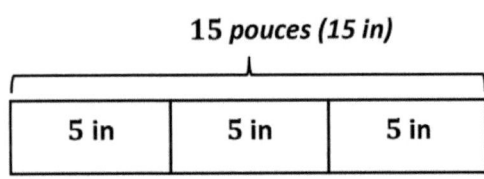

$15 \div 5 = 3$

Chaque partie représente un tiers de la ficelle entière.

Ce problème me rappelle la division parce que je divise 15 pouces en parties égales qui sont chacune de 5 pouces. Je peux résoudre $15 \div 5$ pour trouver que Rochelle fait 3 pièces. S'il y a 3 pièces égales, alors chaque pièce est une troisième !

Leçon 1 : Spécifier et diviser un tout en parties égales, identifier et compter des fractions unitaires à l'aide de modèles concrets.

Nom _____ Date _____

1. Un bécher est considéré comme plein quand le liquide atteint la ligne près du dessus. Estime la quantité d'eau dans le bécher en noircissant le dessin tel qu'indiqué. Le premier a été fait pour toi.

1 moitié

1 cinquième

1 sixième

2. Danielle coupe sa friandise en morceaux égaux, tel qu'illustré dans les rectangles ci-dessous. Dans les blancs ci-dessous, nomme la fraction de friandise représentée par la partie en gris.

   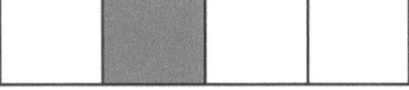   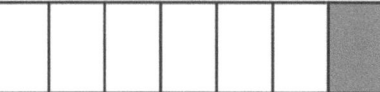

_____   _____   _____

3. Chaque cercle représente 1 tarte entière. Fais une estimation pour montrer comment tu découperais la tarte en unités fractionnaires tel qu'indiqué en-dessous.

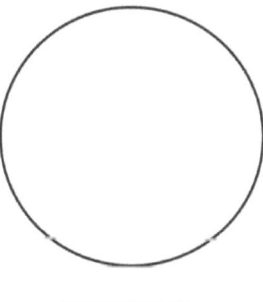
moitiés

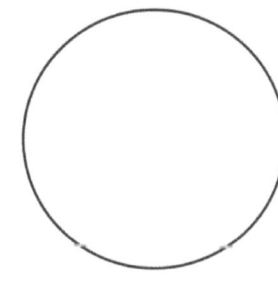
tiers

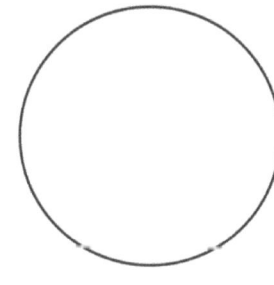
sixièmes

4. Chaque rectangle représente 1 feuille de papier. Fais une estimation pour tracer des lignes afin de montrer comment tu découperais la feuille de papier en unités fractionnaires tel qu'indiqué en-dessous.

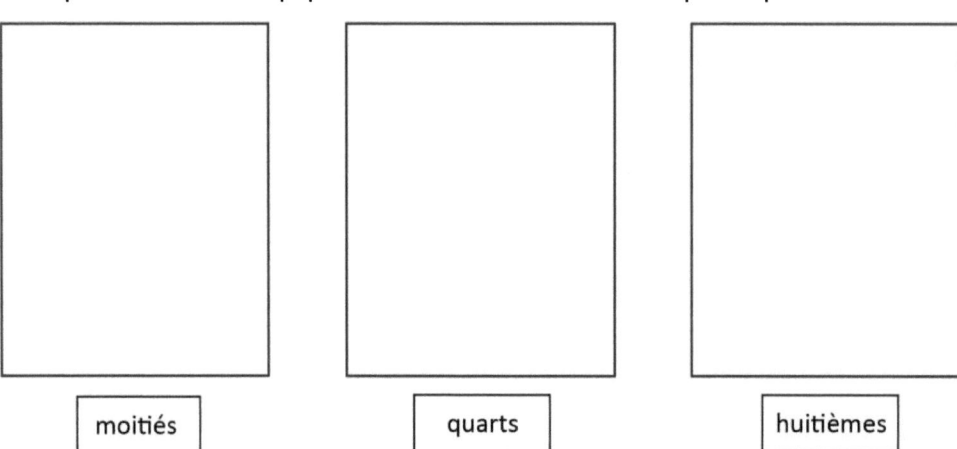

5. Chaque rectangle représente 1 feuille de papier. Fais une estimation pour tracer des lignes afin de montrer comment tu découperais la feuille de papier en unités fractionnaires tel qu'indiqué en-dessous.

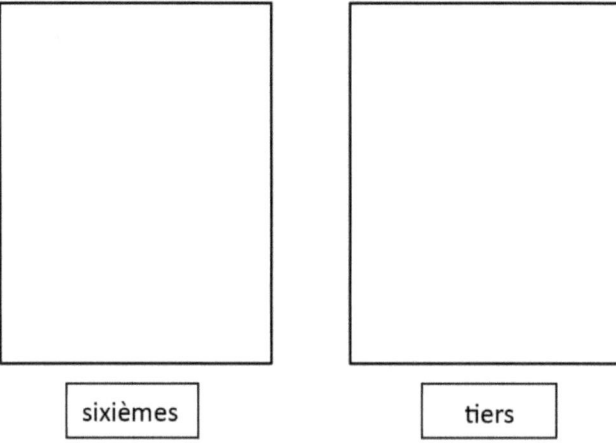

6. Yuri a une corde de 12 mètres de long. Il la découpe en morceaux de 2 mètres de long chacun. Quelle fraction de la corde représente un morceau ? Fais un dessin. (Tu peux plier une bande de papier pour t'aider à modéliser le problème.)

7. Dawn a acheté 12 grammes de chocolat. Elle a mangé la moitié du chocolat. Combien de grammes de chocolat a-t-elle mangés ?

1. Entoure la bande qui a été pliée pour faire des parties égales.

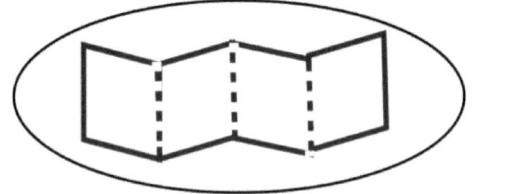

> Je peux voir que toutes les parties de la bande de gauche sont de la même taille. La bande de droite comporte quelques petites parties et une partie plus grande.

2. Dylan pense manger 1 quart de sa friandise. Ses 3 amis veulent qu'il partage le reste en parties égales. Montre comment Dylan et ses amis peuvent tous avoir une part égale de la friandise.

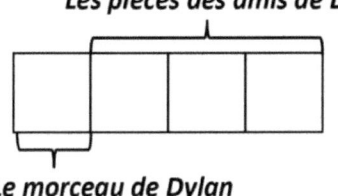

> Je sais que 4 personnes se partagent la barre chocolatée. Je vais dessiner une bande de fraction pour représenter la barre de chocolat et la diviser en quatre. Je peux marquer le morceau de Dylan et les morceaux que ses amis mangeront.

3. Nasir a fait une tarte et l'a coupée en quarts. Ensuite, il coupe chaque morceau en deux.
    a. Quelle fraction de la tarte entière représente chaque morceau ?

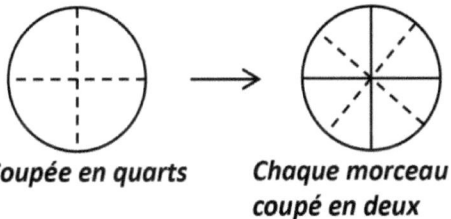

Chaque partie représente un huitième de la tarte entière.

> D'abord, je dois dessiner la tarte et la diviser en 4 parties égales. Ensuite, je dois couper chaque partie en deux. Une fois que j'ai fait cela, je vois que chaque morceau est un huitième !

   b. Nasir a mangé 1 morceau de tarte mardi et 2 morceaux mercredi. Quelle fraction de la tarte entière N'a PAS été mangée ?

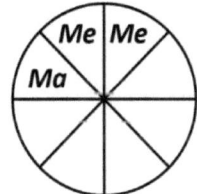

Cinq huitièmes de la tarte entière n'ont pas été mangés.

> Je peux dessiner la tarte et marquer les morceaux que Nasir a mangés. Il a mangé 3 des 8 morceaux, il en reste donc 5. Il reste donc 5 huitièmes de la tarte de Nasir !

Leçon 2 : Spécifier et diviser un tout en parties égales, identifier et compter des fractions unitaires en pliant des bandes de fraction.

Nom _____ Date _____

1. Entoure les bandes qui ont été découpées en parties égales ?

2.

   a. Il y a _____ parties égales en tout. _____ est grisé.

   b. Il y a _____ parties égales en tout. _____ est grisé.

   c. Il y a _____ parties égales en tout. _____ est grisé.

   d. Il y a _____ parties égales en tout. _____ sont grisés.

Leçon 2 : Spécifier et diviser un tout en parties égales, identifier et compter des fractions unitaires en pliant des bandes de fraction.

3. Dylan pense manger 1 cinquième de sa friandise. Ses 4 amis veulent qu'il partage le reste en parties égales. Montre comment Dylan et ses amis peuvent tous avoir une part égale de la friandise.

4. Nasir a fait une tarte et l'a coupée en quarts. Ensuite, il coupe chaque morceau en deux.

   a. Quelle fraction de la tarte d'origine chaque morceau représente-t-il ?

   b. Nasir a mangé 1 morceau de tarte mardi et 2 morceaux mercredi. Quelle fraction de la tarte d'origine n'a pas été mangée ?

1. Chaque forme est 1 tout. Fais une estimation pour diviser chacune en parties égales. Divise chaque tout en utilisant une unité fractionnaire différente. Écris le nom de l'unité fractionnaire sur la ligne en-dessous de la forme.

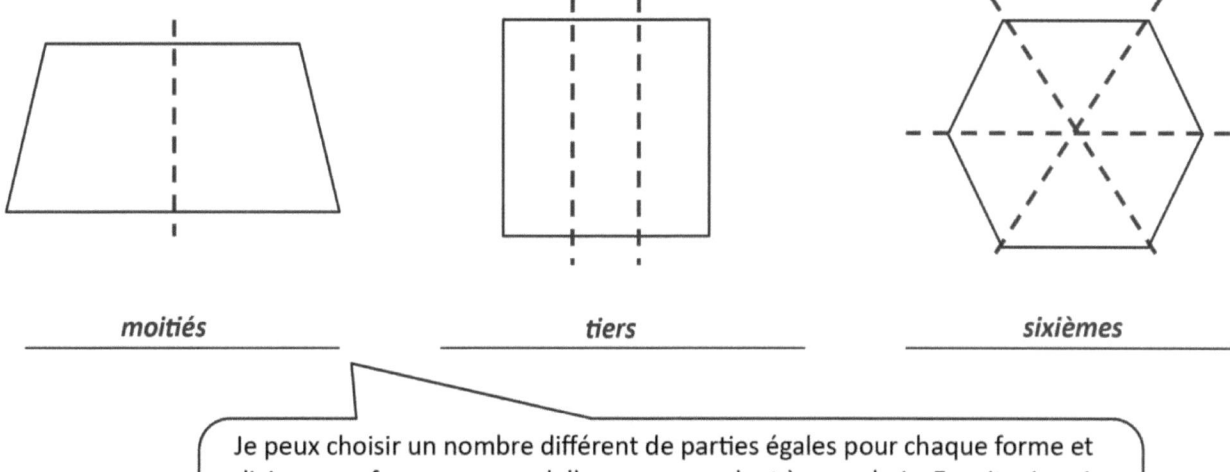

moitiés   tiers   sixièmes

> Je peux choisir un nombre différent de parties égales pour chaque forme et diviser mes formes pour qu'elles correspondent à mes choix. Ensuite, je vais nommer l'unité fractionnaire. Je dois faire attention à ce que les parties soient égales. Mes formes peuvent sembler différentes de celles de mes amis parce que je peux choisir le nombre de parties égales.

2. Anita utilise tout un morceau de papier pour faire un tableau montrant les jours d'école dans 1 semaine. Elle dessine des cases de tailles égales pour représenter chaque jour. Fais un dessin pour montrer un tableau possible. Quelle fraction du tableau chaque jour prend-il ?

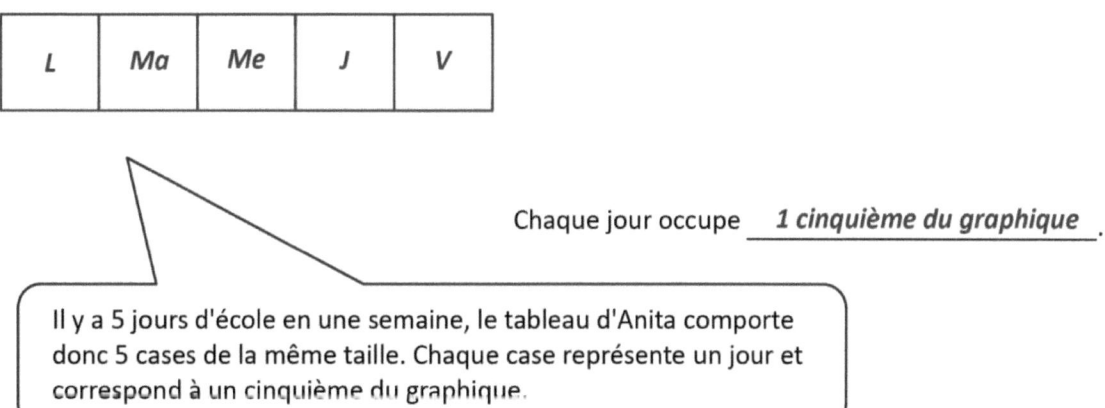

Chaque jour occupe ___1 cinquième du graphique___.

> Il y a 5 jours d'école en une semaine, le tableau d'Anita comporte donc 5 cases de la même taille. Chaque case représente un jour et correspond à un cinquième du graphique.

Leçon 3 : Spécifier et diviser un tout en parties égales, identifier et compter des fractions unitaires en dessinant des modèles de zones.

Nom _____ Date _____

1. Chaque forme est un tout divisé en parties égales. Nomme l'unité fractionnaire, et ensuite compte et dis combien de ces unités sont grisées. Le premier a été fait pour toi.

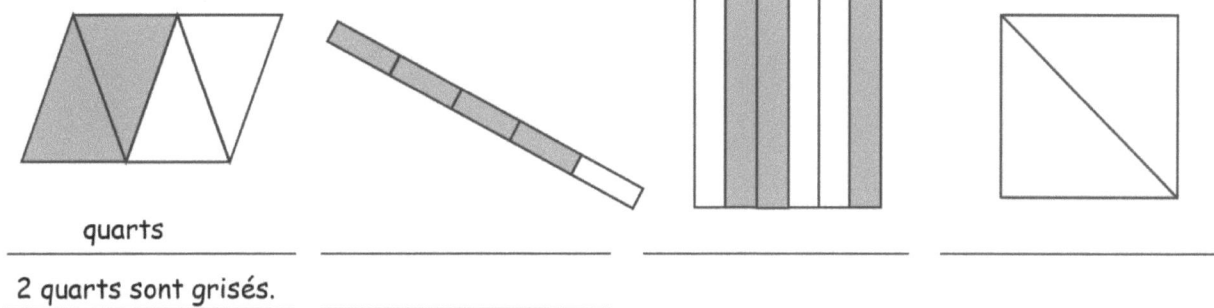

quarts

2 quarts sont grisés.

2. Chaque forme est 1 tout. Fais une estimation pour diviser chacune en parties égales. Divise chaque tout en utilisant une unité fractionnaire différente. Écris le nom de l'unité fractionnaire sur la ligne en-dessous de la forme.

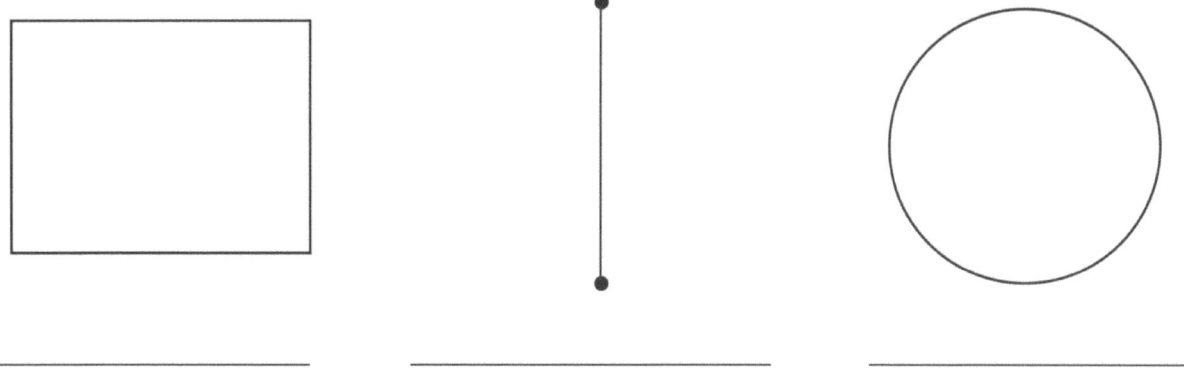

3. Anita utilise 1 feuille de papier pour faire un calendrier montrant chaque mois de l'année. Dessine le calendrier d'Anita. Montre de quelle manière elle peut diviser son calendrier de sorte que chaque mois a le même espace. Quelle fraction du calendrier est attribuée à chaque mois ?

Chaque mois reçoit _____.

UNE HISTOIRE D'UNITÉS — Leçon 4 Aide aux devoirs 3•5

1. Chaque forme est 1 tout. Fais une estimation pour diviser la forme en parties égales, et grise la fraction donnée.

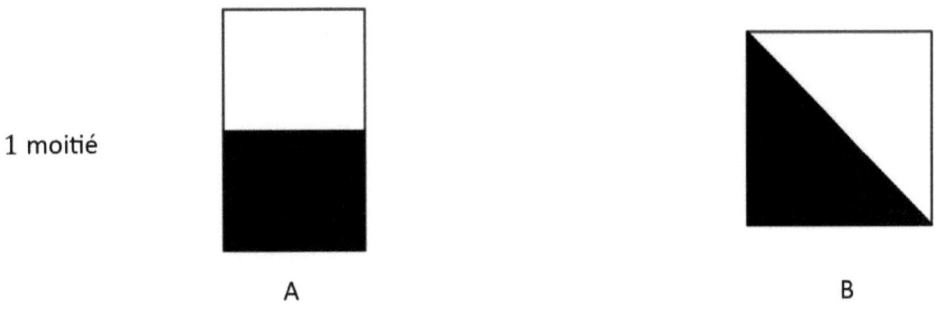

1 moitié

A   B

> Je sais que la fraction est de 1 moitié, donc je peux diviser chaque forme en 2 parties égales. Ensuite, je vais ombrager 1 partie de chaque forme.

2. Chaque forme représente 1 tout. Relie chaque forme à sa fraction.

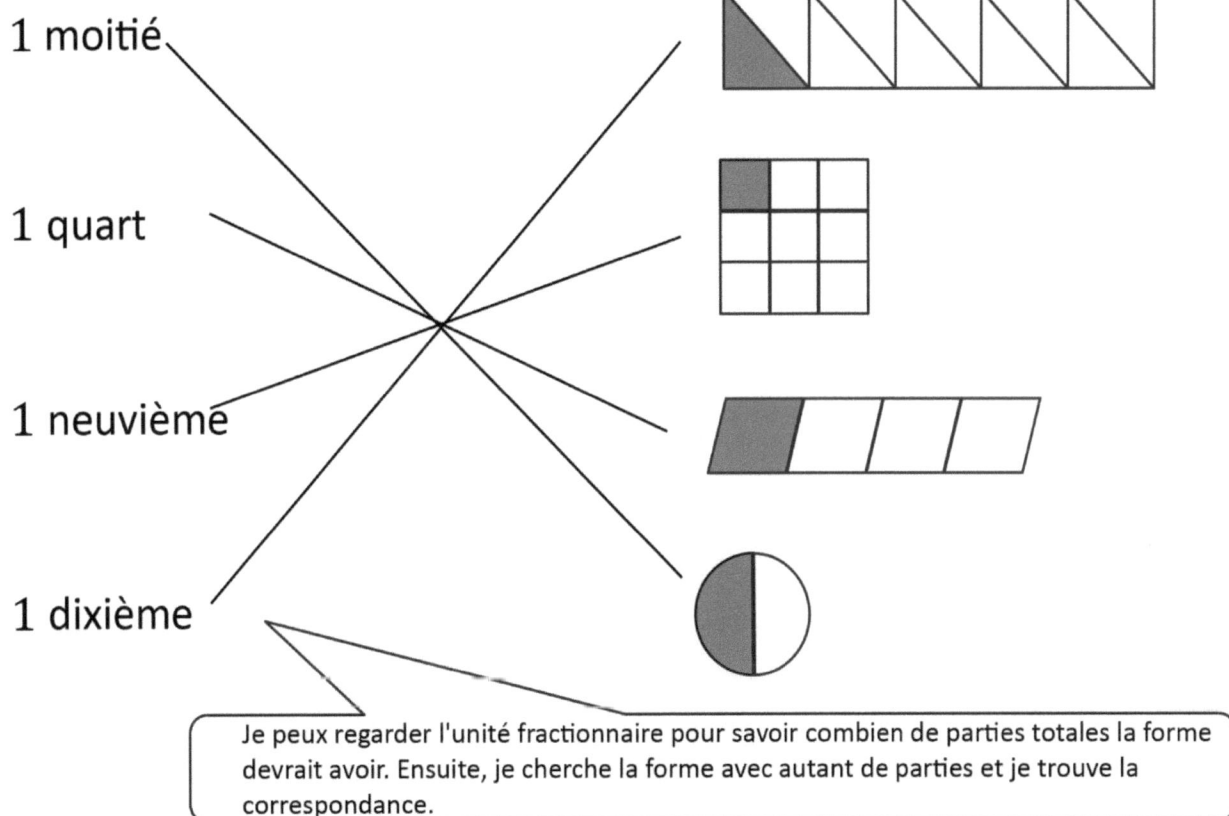

> Je peux regarder l'unité fractionnaire pour savoir combien de parties totales la forme devrait avoir. Ensuite, je cherche la forme avec autant de parties et je trouve la correspondance.

Leçon 4 : Représenter et identifier des parties fractionnaires d'entiers différents.

Nom _____   Date _____

Chaque forme est 1 tout. Fais une estimation pour diviser la forme en parties égales, et grise la fraction donnée.

1. 1 moitié

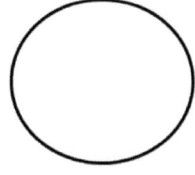 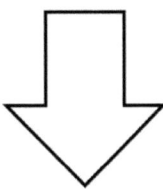  

   A　　　　　　　　B　　　　　　　　C　　　　　　　　D

2. 1 quart

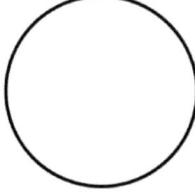  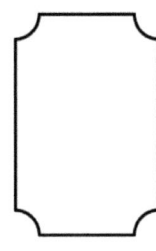 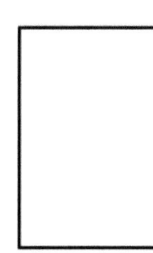

   A　　　　　　　　B　　　　　　　　C　　　　　　　　D

3. 1 tiers

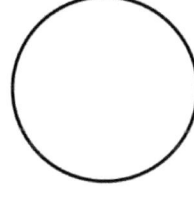 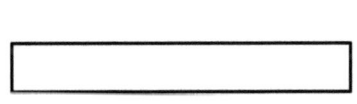  

   A　　　　　　　　B　　　　　　　　C　　　　　　　　D

4. Chacune des formes représente 1 tout. Relie chaque forme à sa fraction.

1 cinquième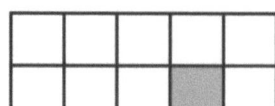

1 douzième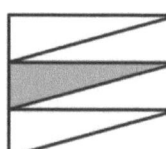

1 tiers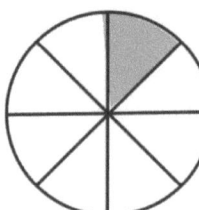

1 quart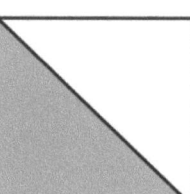

1 moitié

1 huitième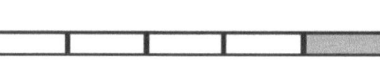

1 dixième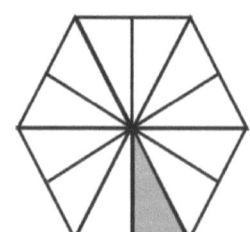

1 sixième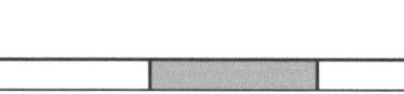

1. Remplis le tableau. Ensuite, dis l'unité fractionnaire à voix basse.

	Nombre total de parties égales	Nombre total de parties égales grisées	Forme d'unité	Fraction
[figure]	6	1	1 *sixième*	$\frac{1}{6}$

> L'unité fractionnaire indique le nombre de parties égales dans le tout. Comme il y a 6 parties égales, je peux chuchoter "Sixièmes".

> Pour écrire une fraction sous forme d'unité, je peux écrire l'unité comme un mot. La réponse est 1 sixième car je compte le nombre de sixièmes qui sont ombrés.

> Je peux écrire $\frac{1}{6}$ pour la fraction car 1 partie égale est ombrée sur un total de 6 parties égales. Je sais que $\frac{1}{6}$ est la fraction unitaire parce qu'elle nomme 1 partie égale.

Leçon 5 : Diviser un tout en parties égales et définir les parties égales pour identifier la fraction unitaire numériquement.

> Si un cinquième est ombragé, alors ce rectangle doit être divisé en 5 parties égales (cinquièmes). L'autre rectangle doit être divisé en 8 parties égales (huitièmes).

2. Dessine deux rectangles identiques. Grise 1 cinquième d'un rectangle, et 1 huitième de l'autre. Étiquette les fractions unitaires. Utilise tes rectangles pour expliquer pourquoi $\frac{1}{5}$ est plus grand que $\frac{1}{8}$.

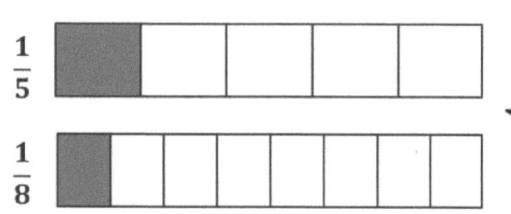

> Je peux dessiner deux rectangles identiques et en diviser un en cinquièmes et l'autre en huitièmes. Je peux ombrer 1 partie égale dans chaque rectangle pour montrer chaque fraction unitaire.

$\frac{1}{5}$ est plus grand que $\frac{1}{8}$ parce que les deux rectangles ont 1 partie égale grisée, mais quand le rectangle est coupé en 5 parties égales, les parties sont plus grandes que quand le rectangle est coupé en 8 parties égales.

UNE HISTOIRE D'UNITÉS   Leçon 5 Devoirs 3•5

Nom _____ Date _____

1. Remplis le tableau. Chaque image est un tout.

	Nombre total de parties égales	Nombre total de parties égales grisées	Forme unitaire	Forme fractionnaire
a. 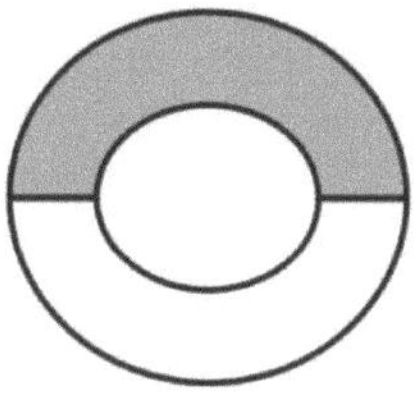				
b. 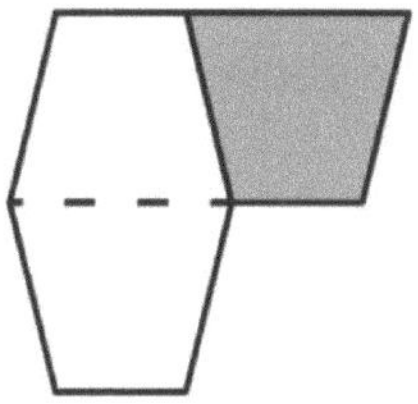				
c. 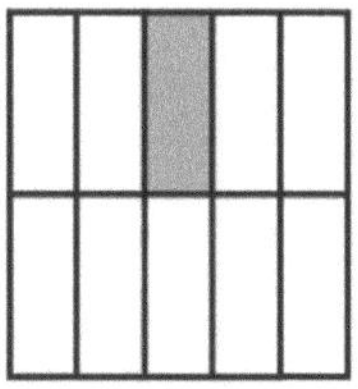				
d. 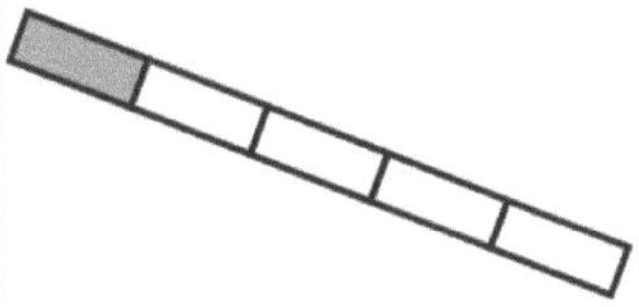				
e. 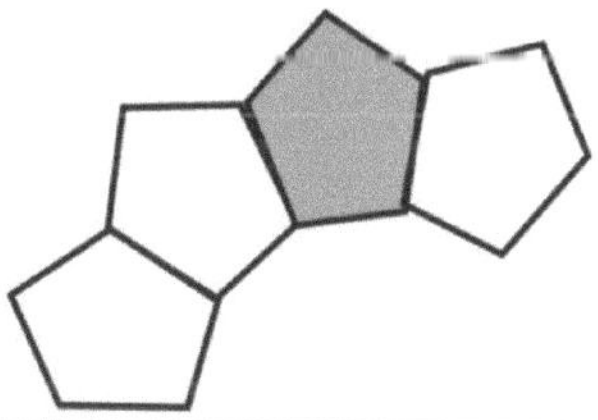				

Leçon 5 : Diviser un tout en parties égales et définir les parties égales pour identifier la fraction unitaire numériquement.

21

2. Cette forme est divisée en 6 parties. S'agit-il de sixièmes ? Explique ta réponse.

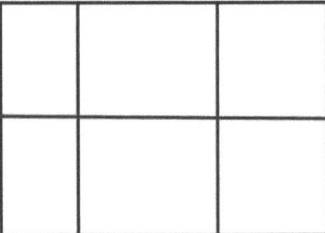

3. Terry et ses 3 amis ont fait une pizza lors de la soirée pyjamas. Ils veulent partager la pizza équitablement. Montre comment Terry peut découper la pizza de sorte que ses 3 amis et lui-même peuvent chacun avoir la même quantité sans laisser de restes.

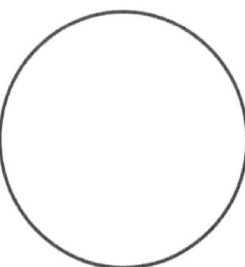

4. Dessine deux rectangles identiques. Grise 1 septième d'un rectangle et 1 dixième de l'autre. Étiquette les fractions unitaires. Utilise tes rectangles pour expliquer pourquoi $\frac{1}{7}$ est plus grand que $\frac{1}{10}$.

UNE HISTOIRE D'UNITÉS — Leçon 6 Aide aux devoirs 3•5

1. Complète la phrase numérique. Fais une estimation pour diviser chaque bande de manière égale, écris une fraction unitaire dans chaque unité, et grise la réponse.

> 3 quarts est écrit sous forme d'unité. Je peux compléter la phrase des nombres en l'écrivant sous forme de fraction : $\frac{3}{4}$.

> Les quarts sont l'unité, donc je vais faire de mon mieux pour tracer des lignes qui divisent la bande en 4 unités ou parties égales.

> Je peux marquer chaque partie égale avec la fraction unitaire : $\frac{1}{4}$.

| $\frac{1}{4}$ | $\frac{1}{4}$ | $\frac{1}{4}$ | $\frac{1}{4}$ |

3 quarts = $\frac{3}{4}$

> Je peux ombrer 3 copies de la fraction unitaire, $\frac{1}{4}$, pour construire $\frac{3}{4}$.

2. M. Stevens achète 8 litres de soda pour une fête. Ses invités boivent 1 des 8 litres de soda.

   a. Quelle fraction de soda ses invités ont-ils bue ?

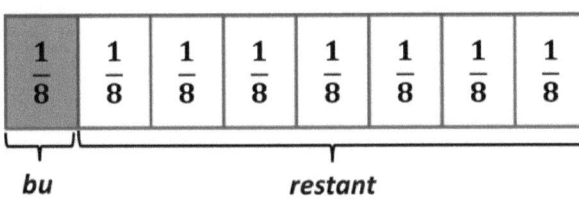

bu | restant

Ses invités ont bu $\frac{1}{8}$ du soda.

> Je peux dessiner un tout avec 8 parties égales car M. Stevens achète un total de 8 litres de soda. Je peux marquer chaque partie $\frac{1}{8}$ pour montrer qu'elle représente 1 des 8 litres. Ensuite, je peux ombrager 1 partie parce que les invités boivent 1 litre.

   b. Quelle fraction du soda reste-t-il ?

Il reste $\frac{7}{8}$ du soda.

> Je peux simplement compter les unités non ombrées dans mon diagramme et écrire une phrase pour répondre à la question.

Leçon 6 : Créer des fractions non-unitaires plus petites qu'un tout à partir de fractions unitaires.

UNE HISTOIRE D'UNITÉS Leçon 6 Devoirs 3•5

Nom _____ Date _____

1. Complète la phrase numérique. Fais une estimation pour diviser chaque bande de manière égale, écris une fraction unitaire dans chaque unité, et grise la réponse.

   Exemple :

   3 quarts = $\frac{3}{4}$

   | $\frac{1}{4}$ | $\frac{1}{4}$ | $\frac{1}{4}$ | $\frac{1}{4}$ |

   a. 2 tiers =

   b. 5 septièmes =

   c. 3 cinquièmes =

   d. 2 huitièmes =

2. M. Abney a acheté 6 kilogrammes de riz. Il en a cuit 1 kilogramme pour le dîner.

   a. Quelle fraction du riz a-t-il cuite pour le dîner ?

   b. Quelle fraction de riz restait-il ?

Leçon 6 : Créer des fractions non-unitaires plus petites qu'un tout à partir de fractions unitaires.

3. Remplis le tableau.

	Nombre total de parties égales	Nombre total de parties égales grisées	Fraction unitaire	Fraction grisée
Exemple :	6	5	$\frac{1}{6}$	$\frac{5}{6}$
a.	4	3	$\frac{1}{4}$	$\frac{3}{4}$
b.	8	5	$\frac{1}{8}$	$\frac{5}{8}$
c.	5	3	$\frac{1}{5}$	$\frac{3}{5}$
d.	6	2	$\frac{1}{6}$	$\frac{2}{6}$

1. Dis à voix basse la fraction de la forme qui est grisée. Ensuite, relie la forme à la quantité qui n'est pas grisée.

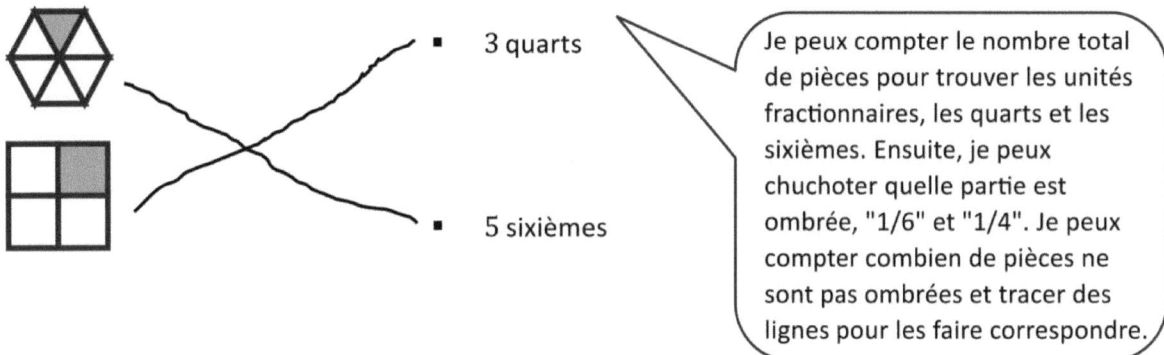

- 3 quarts

- 5 sixièmes

Je peux compter le nombre total de pièces pour trouver les unités fractionnaires, les quarts et les sixièmes. Ensuite, je peux chuchoter quelle partie est ombrée, "1/6" et "1/4". Je peux compter combien de pièces ne sont pas ombrées et tracer des lignes pour les faire correspondre.

2. Maman allume 10 bougies sur le gâteau d'anniversaire. Alexis souffle 9 bougies. Quelle fraction des bougies d'anniversaire reste allumée ? Dessine et explique.

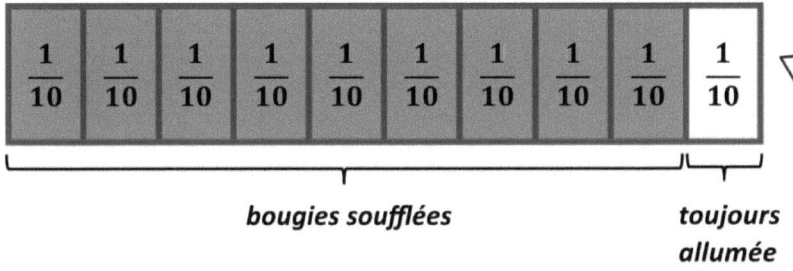

Je peux dessiner un tout avec 10 parties parce qu'il y a un total de 10 bougies sur le gâteau. Je peux ombrager les 9 bougies qu'Alexis souffle et compter combien il en reste.

Il y a un total de 10 bougies, mais 9 ont été soufflées. Il reste donc $\frac{1}{10}$ des bougies qui sont toujours allumées.

Alexis a soufflé toutes les bougies sauf une. Comme il y a 10 bougies en tout, la fraction de bougies encore allumées est de $\frac{1}{10}$.

Leçon 7 : Identifier et représenter des parties grisées et non-grisées d'un tout comme des fractions.

Nom _____ Date _____

Dis à voix basse la fraction de la forme qui est grisée. Ensuite, relie la forme à la quantité qui n'est pas grisée.

1.   ▪ 9 dixièmes

2.   ▪ 4 cinquièmes

3.   ▪ 10 onzièmes

4.   ▪ 5 sixièmes

5.   ▪ 1 moitié

6.   ▪ 2 tiers

7.   ▪ 3 quarts

8.   ▪ 6 septièmes

9. Chaque bande représente 1 tout. Écris une fraction pour étiqueter les parties grisée et non-grisées.

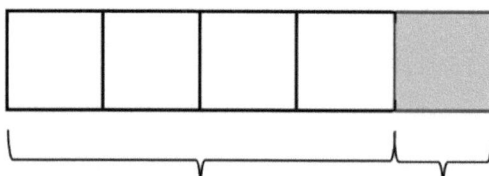

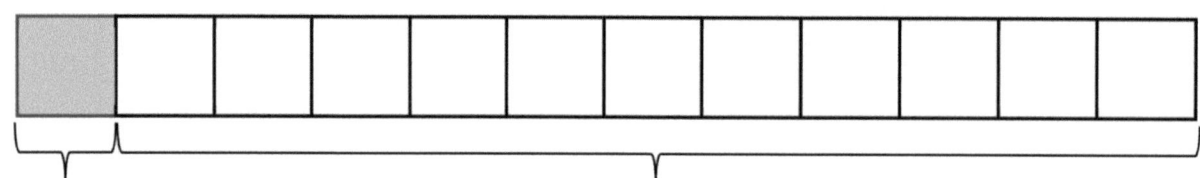

10. Carlia a terminé 1 quart de ses devoirs samedi. Quelle fraction de ses devoirs n'a-t-elle pas terminée ? Dessine et explique.

11. Jerome prépare 8 tasses de gruau pour sa famille. Ils mangent 7 huitièmes du gruau. Quelle fraction de gruau n'a pas été mangée ? Dessine et explique.

1. Montrer une liaison numérique représentant ce qui est grisé et ce qui n'est pas grisé dans la forme. Dessine un modèle différent représentant la même liaison numérique.

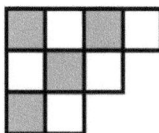

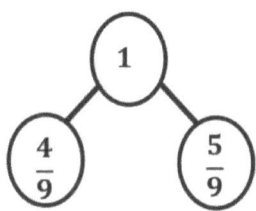

Je peux dessiner une liaison numérique qui montre un tout séparé en deux parties. Une partie montre la part du tout qui est ombrée $\frac{4}{9}$. L'autre partie montre la part du tout non ombrée $\frac{5}{9}$. Ensemble, $\frac{4}{9}$ et $\frac{5}{9}$ font un tout.

Comment marquerais-je la liaison numérique si aucune partie du tout n'est ombragée ? J'utiliserais toujours le chiffre 1 pour marquer le tout. Je pourrais marquer les parties ombrées $\frac{0}{9}$ et les parties non ombrées $\frac{9}{9}$. Ensemble, $\frac{0}{9}$ et $\frac{9}{9}$ font un tout.

Je peux dessiner cette forme pour montrer 1 tout avec $\frac{4}{9}$ ombragé et $\frac{5}{9}$ non ombragé. Il peut être représenté en utilisant la même liaison numérique. Beaucoup d'autres modèles pourraient également fonctionner. En voici un exemple :

Leçon 8 : Représenter des parties d'un tout comme des fractions avec des liaisons numériques.

> Cette première partie est exactement comme le problème 1.

2. Dessine une liaison numérique avec 2 parties montrant les fractions grisées et non-grisées de chaque figure. Décompose les deux parties de la liaison numérique en unités fractionnaires.

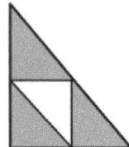

> La partie ombrée de cette figure est $\frac{3}{4}$, et la partie non ombrée est $\frac{1}{4}$.

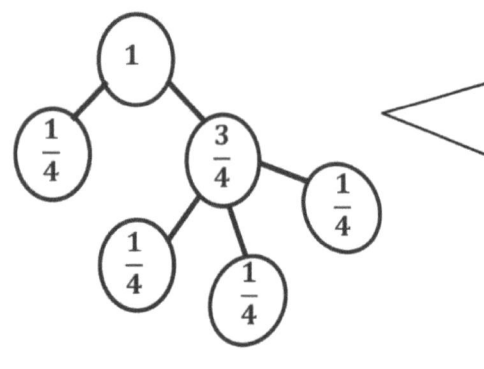

> Je peux tirer une liaison numérique avec des parties de $\frac{1}{4}$ et $\frac{3}{4}$. Je sais que se décomposer, c'est séparer. $\frac{1}{4}$ est déjà une fraction unitaire, mais $\frac{3}{4}$ est une fraction non unitaire. Je peux décomposer $\frac{3}{4}$ en 3 copies de $\frac{1}{4}$. Maintenant, les deux parties de ma liaison numérique sont écrites comme des fractions unitaires.

> Je peux vérifier mon travail en regardant toutes les fractions unitaires. Il y a 4 copies de $\frac{1}{4}$, ce qui correspond à $\frac{4}{4}$, ou 1 tout.

Leçon 8 : Représenter des parties d'un tout comme des fractions avec des liaisons numériques.

Nom _____ Date _____

Montrer une liaison numérique représentant ce qui est grisé et ce qui n'est pas grisé dans chacune des figures. Dessine un modèle visuel différent qui serait représenté par la même liaison numérique.

Exemple :

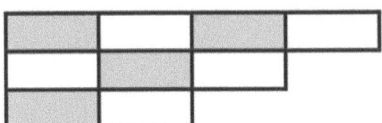 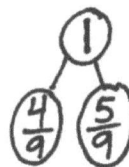 

1.

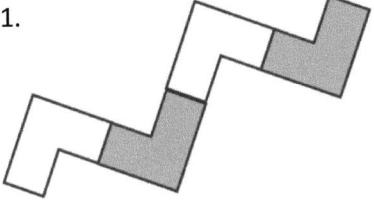

2.

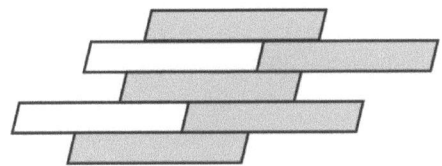

3.

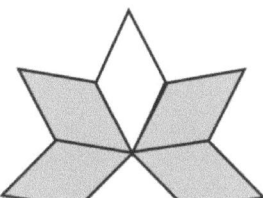

4.

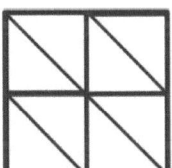

Leçon 8 : Représenter des parties d'un tout comme des fractions avec des liaisons numériques.

5. Dessine une liaison numérique avec 2 parties montrant les fractions grisées et non-grisées de chaque figure. Décompose les deux parties de la liaison numérique en unités fractionnaires.

   a. 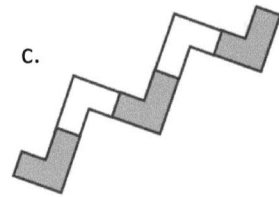   b.   c.

6. Johnny a fait un sandwich carré à la confiture et au beurre de cacahuète. Il en a mangé $\frac{3}{2}$ et a laissé le reste sur son assiette. Dessine le sandwich de Johnny. Grise la partie qu'il a laissée sur son assiette, et ensuite dessine une liaison numérique qui correspond à ton dessin. Quelle fraction du sandwich Johnny a-t-il laissé sur son assiette ?

UNE HISTOIRE D'UNITÉS   Leçon 9 Aide aux devoirs   3•5

1. Chaque forme représente 1 tout. Remplis le tableau.

> Chacun de ces tout est divisé en moitiés. Ainsi, la fraction unitaire doit être $\frac{1}{2}$. Trois moitiés sont ombragées. Je peux le démontrer en écrivant $\frac{3}{2}$.

	Fraction unitaire	Nombre total d'unités grisées	Fraction grisée
	$\frac{1}{2}$	3	$\frac{3}{2}$

2. Fais une estimation pour dessiner et grise les unités sur les bandes de fractions. Résous.

7 quarts = $\frac{7}{4}$

> 7 quarts est la forme de l'unité. Je peux aussi l'écrire comme $\frac{7}{4}$.

| $\frac{1}{4}$ | $\frac{1}{4}$ | $\frac{1}{4}$ | $\frac{1}{4}$ |

| $\frac{1}{4}$ | $\frac{1}{4}$ | $\frac{1}{4}$ | $\frac{1}{4}$ |

> Sépare l'unité fractionnaire en quatrièmes. Je peux diviser chaque tout ("bande de fraction") en quarts et ensuite marquer chaque unité pour montrer qu'elle représente $\frac{1}{4}$. Sept me dit combien d'unités à ombrager.

Leçon 9 : Créer et écrire des fractions plus grandes qu'un tout en utilisant des fractions unitaires.

Nom _____ Date _____

1. Chaque forme représente 1 tout. Remplis le tableau.

	Fraction unitaire	Nombre total d'unités grisées	Fraction grisée
a. Exemple :	$\frac{1}{2}$	3	$\frac{3}{2}$
b.			
c.			
d.			
e.			
f.			

Leçon 9 : Créer et écrire des fractions plus grandes qu'un tout en utilisant des fractions unitaires.

2. Fais une estimation pour dessiner et grise les unités sur les bandes de fractions. Résous.

   Exemple :

   7 quarts = $\frac{7}{4}$

   | $\frac{1}{4}$ | $\frac{1}{4}$ | $\frac{1}{4}$ | $\frac{1}{4}$ | $\frac{1}{4}$ | $\frac{1}{4}$ | $\frac{1}{4}$ | $\frac{1}{4}$ |

   a. 5 tiers =

   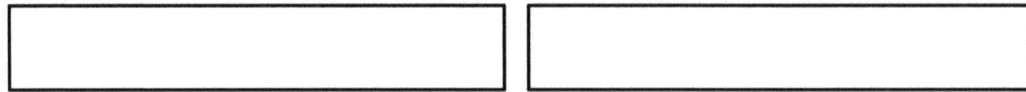

   b. _____ = $\frac{9}{3}$

3. Reggie a acheté 2 friandises. Dessine les friandises et fais une estimation pour diviser chaque friandise en 4 morceaux égaux.

   a. Reggie a mangé 5 morceaux. Grise la quantité qu'il a mangée.

   b. Écris une fraction pour montrer combien de friandises Reggie a mangées.

1. Chaque bande de fraction est 1 tout. Les bandes de fraction sont de longueurs identiques. Colorie 1 unité fractionnaire sur chaque bande. Réponds ensuite aux questions ci-dessous.

   Je peux colorier une partie égale de chaque tout ci-dessous.

   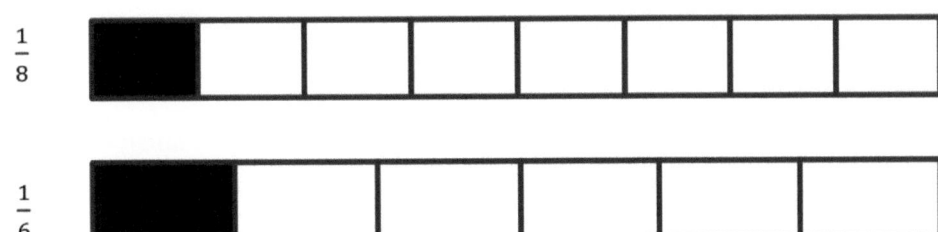

2. Entoure *plus petit que* ou *plus grand que*. Chuchote la phrase complète.

   $\dfrac{1}{8}$ est plus grand que $\dfrac{1}{6}$

   Les bandes de fraction sont de longueur égale, et elles sont alignées. Je peux comparer en regardant les unités fractionnaires que j'ai colorées et voir laquelle est la plus grande. $\dfrac{1}{8}$ est plus petit que $\dfrac{1}{6}$, donc c'est moins. Je pourrais aussi écrire cela comme $\dfrac{1}{8} < \dfrac{1}{6}$ ou comme $\dfrac{1}{8} < \dfrac{1}{6}$. Quand je le lis, je dis : "Un huitième est plus petit qu'un sixième".

Leçon 10 : Comparer des fractions unitaires en réfléchissant à leur taille à l'aide de bandes de fraction.

UNE HISTOIRE D'UNITÉS   **Leçon 10 Aide aux devoirs**   3•5

> Je peux dessiner des bandes de fraction comme celles du problème 1 pour savoir quelle fraction est la plus grande.

3. Jerry nourrit son chien $\frac{1}{5}$ tasse de nourriture humide $\frac{1}{6}$ tasse de nourriture sèche pour le dîner. Utilise-t-il plus de nourriture humide ou sèche ? Explique ta réponse à l'aide d'images, de nombres et de mots.

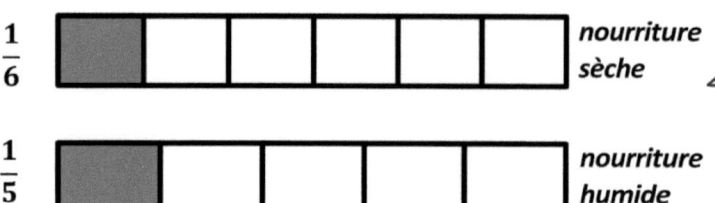

> Lorsque je dessine mes bandes de fraction, elles doivent être de la même taille et alignées, sinon je ne pourrai pas les utiliser pour comparer les fractions avec précision.

Jerry utilise plus de nourriture humide parce que $\frac{1}{5}$ est plus grand que $\frac{1}{6}$. Quand on coupe un tout en plus de morceaux, les morceaux deviennent plus petits.

4. Utilise >, <, ou = pour comparer.

    a.   1 moitié   > $\frac{1}{8}$

    b.   1 cinquième   <   1 tiers

> Je peux faire un dessin pour m'aider à comparer les fractions, ou je peux réfléchir à la taille des unités fractionnaires. Je sais que plus il y a de parts égales, plus chaque part est petite. Cela signifie que les moitiés sont plus grandes que les huitièmes et que les cinquièmes sont plus petites que les tiers.

Leçon 10 : Comparer des fractions unitaires en réfléchissant à leur taille à l'aide de bandes de fraction.

UNE HISTOIRE D'UNITÉS

Leçon 10 Devoirs 3•5

Nom _____ Date _____

1. Chaque bande de fraction est 1 tout. Toutes les bandes de fraction ont une longueur identique. Colorie 1 unité fractionnaire sur chaque bande. Réponds ensuite aux questions ci-dessous.

$\frac{1}{2}$

$\frac{1}{3}$

$\frac{1}{5}$

$\frac{1}{4}$

$\frac{1}{9}$

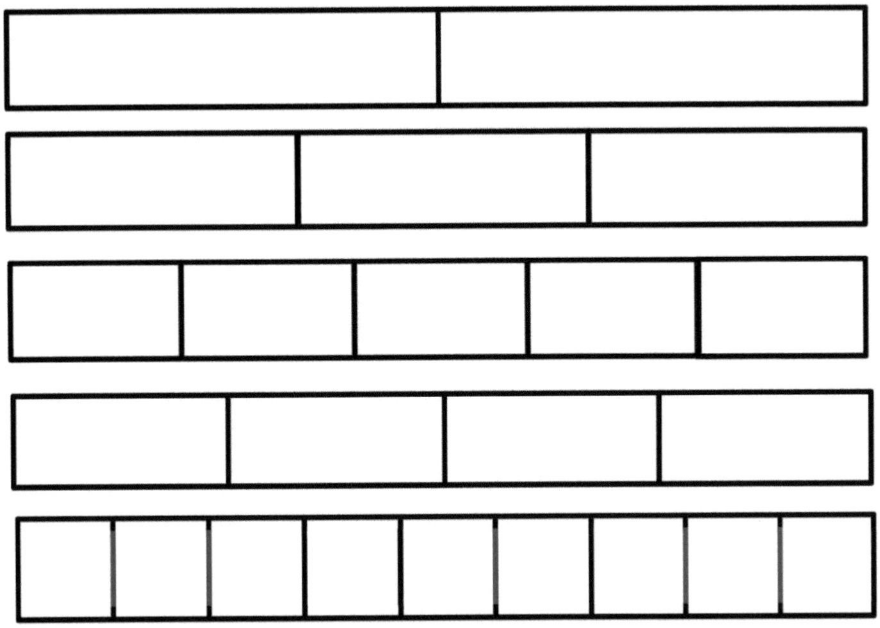

2. Entoure *plus petit que* ou *plus grand que*. Chuchote la phrase complète.

a. $\frac{1}{2}$ est plus petit que / plus grand que $\frac{1}{3}$

b. $\frac{1}{9}$ est plus petit que / plus grand que $\frac{1}{2}$

c. $\frac{1}{4}$ est plus petit que / plus grand que $\frac{1}{2}$

d. $\frac{1}{4}$ est plus petit que / plus grand que $\frac{1}{9}$

e. $\frac{1}{5}$ est plus petit que / plus grand que $\frac{1}{3}$

f. $\frac{1}{5}$ est plus petit que / plus grand que $\frac{1}{4}$

g. $\frac{1}{2}$ est plus petit que / plus grand que $\frac{1}{5}$

h. 6 cinquièmes est plus petit que / plus grand que 3 tiers

Leçon 10 : Comparer des fractions unitaires en réfléchissant à leur taille à l'aide de bandes de fraction.

3. Après son match de football, Malik boit $\frac{1}{2}$ litre d'eau et $\frac{1}{3}$ litre de jus. Malik a-t-il bu plus d'eau ou de jus ? Fais un dessin et une estimation de division. Explique ta réponse.

4. Utilise >, <, ou = pour comparer.

   a. 1 quart ◯ 1 huitième

   b. 1 septième ◯ 1 cinquième

   c. 1 huitième ◯ $\frac{1}{8}$

   d. 1 douzième ◯ $\frac{1}{10}$

   e. $\frac{1}{15}$ ◯ 1 treizième

   f. 3 tiers ◯ 1 tout

5. Rédige un problème de comparaison de fractions que tes amis devront résoudre. Assure-toi de montrer la réponse de sorte que tes amis puissent vérifier leur travail.

UNE HISTOIRE D'UNITÉS Leçon 11 Aide aux devoirs 3•5

1. Étiqueter la fraction unitaire. Dans chaque blanc, dessine et étiquette le même tout avec une fraction unitaire grisée qui rend la phrase vraie. Il peut y avoir plus d'1 manière correcte de rendre la phrase vraie.

Je dois dessiner le même rectangle et le diviser en parties égales qui sont plus grandes que $\frac{1}{3}$ parce que la phrase dit "$\frac{1}{3}$ est inférieur à ___."

Cette forme; est divisée en tiers, donc est $\frac{1}{3}$ la fraction. unitaire

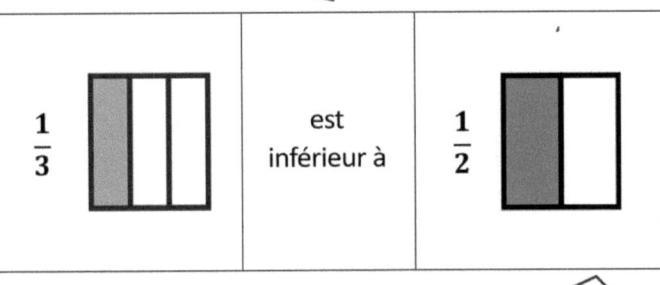

$\frac{1}{3}$ est inférieur à $\frac{1}{2}$

Les moitiés sont plus grandes que les tiers, je peux donc dessiner un rectangle et le diviser en moitiés. Je peux ombrager une partie et marquer la partie ombrée comme étant la moitié. Maintenant, ma phrase dit "$\frac{1}{3}$ est inférieur à $\frac{1}{2}$." C'est vrai.

2. Luna boit $\frac{1}{5}$ dans une grande bouteille d'eau. Gabriel boit $\frac{1}{3}$ dans une petite bouteille d'eau. Gabriel dit «J'ai bu plus que toi parce que $\frac{1}{3} > \frac{1}{5}$.»

    a. Utilise des images et des mots pour expliquer l'erreur de Gabriel.

    Gabriel ne peut pas comparer la quantité d'eau que lui et Luna ont bu. Puisque les tout sont différents, $\frac{1}{5}$ pourrait être plus grand que $\frac{1}{3}$ comme dans le dessin que j'ai fait.

    La chose importante que je remarque est que les bouteilles d'eau sont de tailles différentes. Cela signifie que les tout sont différents, donc je ne peux pas comparer les fractions.

    $\frac{1}{3}$ $\frac{1}{5}$

Leçon 11 : Comparer des fractions unitaires avec des modèles de tailles différentes représentant le tout.

b. Comment pourrais-tu modifier le problème pour que Gabriel ait raison ? Utilise des images et des mots pour expliquer.

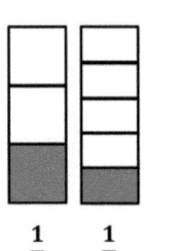

Je peux dessiner des modèles pour Gabriel et Luna qui sont de la même taille, je peux partitionner et ombrager les modèles pour montrer $\frac{1}{3}$ et $\frac{1}{5}$. Il est facile de comparer les fractions maintenant que les tout sont identiques.

Je pourrais modifier le problème pour faire des tous (entiers) de la même taille. Je pourrais dire qu'ils ont tous les deux bu dans des bouteilles de la même taille. Ensuite $\frac{1}{3}$ est plus grand que $\frac{1}{5}$. Quand le tout est le même, des cinquièmes sont plus petits que des tiers.

| UNE HISTOIRE D'UNITÉS | | Leçon 11 Devoirs | 3•5 |

Nom _____ Date _____

Étiqueter la fraction unitaire. Dans chaque blanc, dessine et étiquette le même tout avec une fraction unitaire grisée qui rendla phrase vraie. Il y a plus d'1 manière correcte de rendre la phrase vraie.

Exemple : $\frac{1}{3}$ ▨	est plus petit que	$\frac{1}{2}$ ▨
1. ▨	est plus grand que	
2. ▨	est plus petit que	
3. ▨	est plus grand que	
4. ▲	est plus petit que	

Leçon 11 : Comparer des fractions unitaires avec des modèles de tailles différentes représentant le tout.

5.	est plus grand que	
6.	est plus petit que	
7.	est plus grand que	

8. Remplis le blanc avec une fraction pour rend la phrase vraie. Dessine un modèle correspondant.

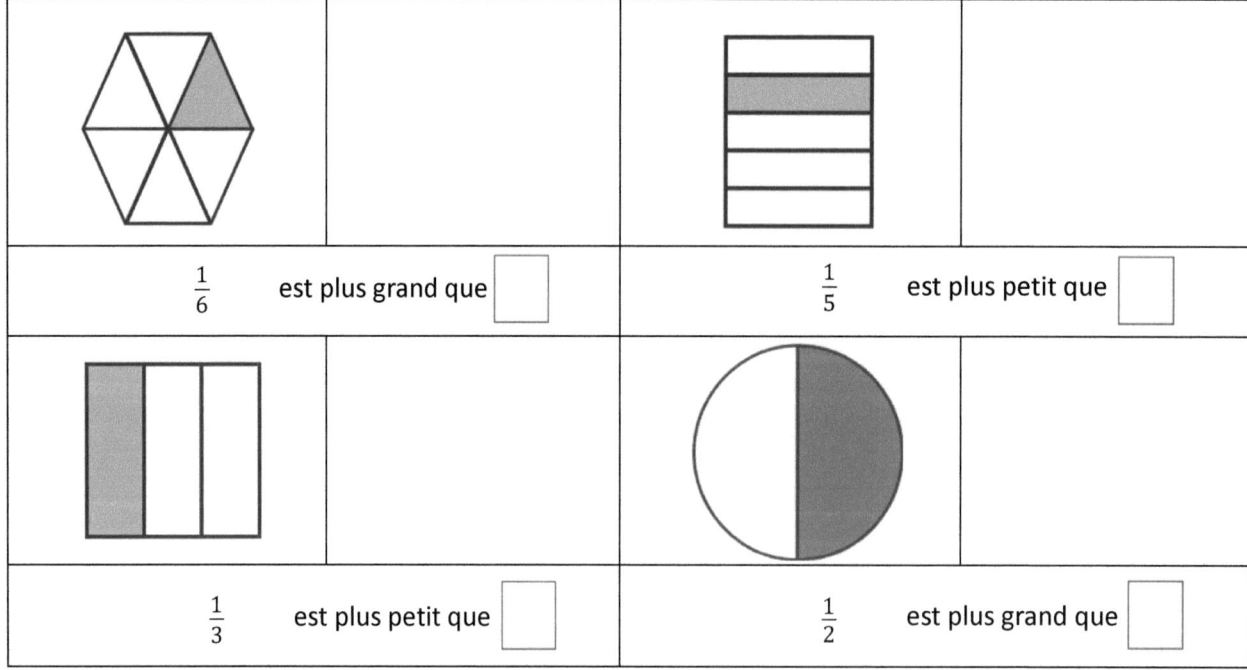

9. Debbie a mangé $\frac{1}{8}$ un bout d'un grand brownie. Julian a mangé $\frac{1}{2}$ un bout d'un petit brownie. Julian dit, «J'ai mangé plus que toi parce que $\frac{1}{2} > \frac{1}{8}$.»

   a. Utilise des images et des mots pour expliquer l'erreur de Julian.

   b. Comment pourrais-tu modifier le problème pour que Julian ait raison ? Utilise des images et des mots pour expliquer.

Leçon 11 : Comparer des fractions unitaires avec des modèles de tailles différentes représentant le tout.

UNE HISTOIRE D'UNITÉS | Leçon 12 Aide aux devoirs | 3•5

1. Chaque forme représente la fraction unitaire donnée. Fais une estimation pour dessiner un tout possible. Dessine une liaison numérique qui correspond.

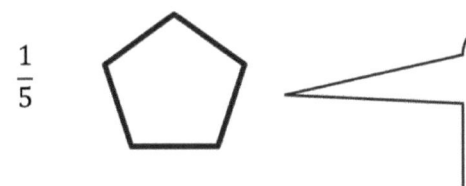

$\frac{1}{5}$

> Le 5 dans la fraction me dit que l'unité est le cinquième, il y a donc 5 parties égales dans le tout. Puisque cette forme est une fraction d'unité, je peux en dessiner 5 copies pour construire mon tout. Il y a beaucoup de formes différentes que je pourrais dessiner.

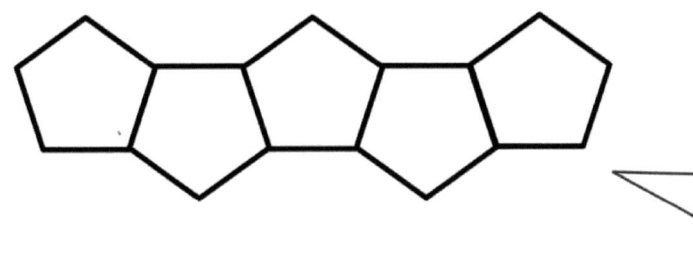

> Je peux faire 5 copies de la fraction unitaire pour faire un tout. Il est important qu'il n'y ait pas de lacunes ou de chevauchements. Les chevauchements signifieraient que les parties ne sont pas égales. S'il y avait des trous, le tout ne serait peut-être pas clair.

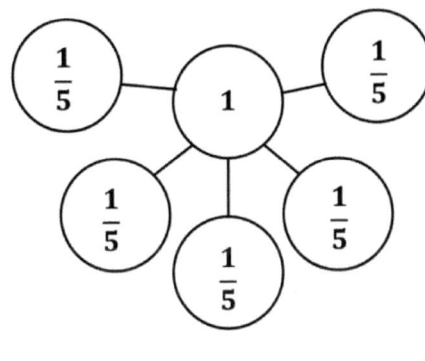

> Je peux dessiner une liaison numérique qui montre la relation partielle entre les fractions unitaires et le tout. Cela correspond au dessin car il montre que 5 copies de $\frac{1}{5}$ font un tout, soit 1.

Leçon 12 : Spécifier le tout correspondant quand une partie égale nous est présentée.

2. Cathy et Laura utilisent cette forme  pour représenter la fraction unitaire $\frac{1}{4}$. Chacune l'utilise pour dessiner les tous (entiers) ci-dessous. James dit qu'elles l'ont toutes les deux fait correctement. Es-tu d'accord avec lui ? Explique ta réponse.

La forme de Cathy

La forme de Laura

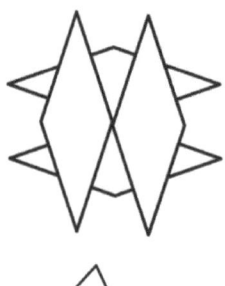

Il semble que Cathy ait dessiné 4 copies de la forme, mais comme elles se chevauchent, il est vraiment difficile de dire si les parties sont de taille égale ou non.

Je peux facilement voir dans la forme de Laura qu'elle a dessiné 4 copies de la forme pour en faire un tout.

Non, je ne suis pas d'accord avec James. Il y a beaucoup de chevauchements avec la forme de Cathy, il est donc difficile de voir le tout. Avec les chevauchements, il est aussi difficile pour moi de voir combien de parties forment le tout et si ce sont des parties égales ou non.

Nom _____ Date _____

Chaque forme représente la fraction unitaire donnée. Fais une estimation pour dessiner un tout possible.

1. $\frac{1}{2}$

2. $\frac{1}{6}$

3. 1 tiers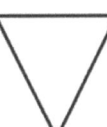

4. 1 quart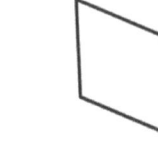

Chaque forme représente la fraction unitaire donnée. Fais une estimation pour dessiner un tout possible, étiquette les fractions unitaires, et dessine une liaison numérique qui correspond au dessin. Le premier a été fait pour toi.

5. $\frac{1}{3}$

 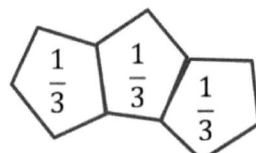 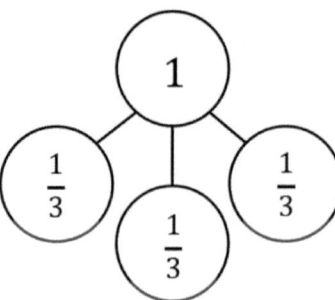

6. $\frac{1}{2}$

7. $\frac{1}{5}$

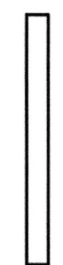

8. $\frac{1}{7}$

9. Evan et Yong ont utilisé cette forme , représentant la fraction unitaire $\frac{1}{3}$, pour dessiner 1 tout. Shania pense qu'ils l'ont tous les deux fait correctement. Es-tu d'accord avec elle ? Explique ta réponse.

Leçon 13 Aide aux devoirs

1.

La forme représente 1 tout. Écris une fraction d'unité pour décrire la partie ombrée.	La partie grisée représente 1 tout. Divisez 1 tout pour obtenir la même fraction unitaire que celle que vous avez écrite dans la partie (a).
a. 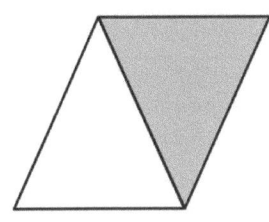 $\frac{1}{2}$	b. 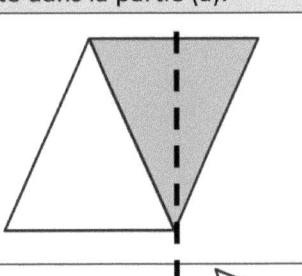

Les deux triangles forment un tout. Comme il y a 2 parties égales, cela signifie que l'unité fractionnaire est la moitié et que l'unité fractionnaire $\frac{1}{2}$ est que je peux écrire $\frac{1}{2}$ pour représenter la partie ombrée.

Cette fois, seule la partie ombragée représente le tout. Je dois réfléchir à la manière dont je peux diviser en deux la partie ombrée, puisque la fraction unitaire de la partie (a) est $\frac{1}{2}$. Comme les moitiés signifient 2 parties égales, je peux tracer une ligne pointillée pour diviser le tout ombré en 2 parties égales.

2.

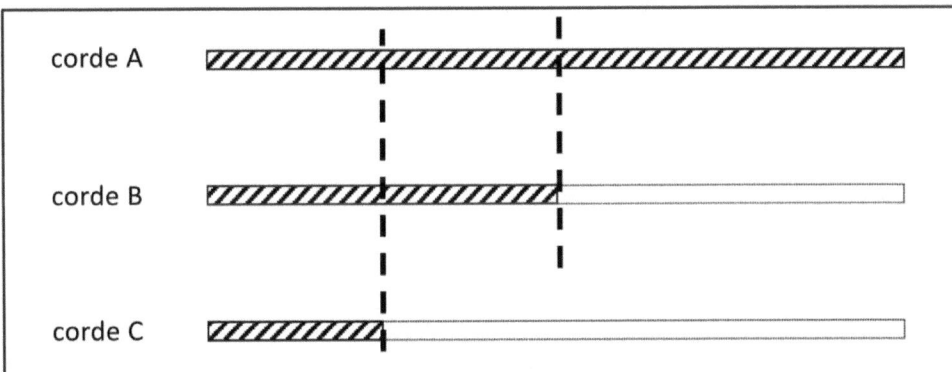

Je peux dessiner une ligne en pointillé pour m'aider à comparer les longueurs des cordes A et B. Il semble que la corde B soit environ la moitié de la longueur de la corde A. La moitié de 10 pieds est de 5 pieds.

a. Si la corde A mesure 10 pieds (ft) de long, alors la corde B fait environ __5__ pieds (ft) de long.

Leçon 13 : Identifier une partie fractionnaire grisée de différentes manières en fonction de la désignation du tout.

b. Environ combien de copies de la corde C sont égales à la longueur de la corde A ? Dessine une liaison numérique pour t'aider.

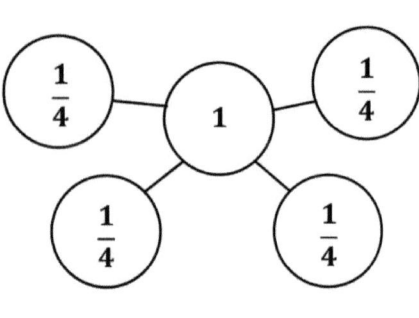

Je peux dessiner une autre ligne pointillée pour m'aider à comparer les longueurs des cordes C et A. Cela me montre que la corde C est à peu près $\frac{1}{4}$ de la longueur de la corde A.

Le tout dans ma liaison numérique, 1, représente la longueur de la corde A. Les 4 parties sont le nombre de copies de la corde C qu'il faudrait pour égaler la longueur de la corde A.

Environ 4 copies de la corde C font la longueur de la corde A.

Nom _____ Date _____

La forme représente 1 tout. Écris une fraction pour décrire la partie grisée.	La partie grisée représente 1 tout. Divise 1 tout pour montrer la même fraction unitaire que tu as écrite à la Partie (a).
1. a.	b.
2. a.	b.
3. a.	b.
4. a.	b.

Leçon 13 : Identifier une partie fractionnaire grisée de différentes manières en fonction de la désignation du tout.

5. Utilise les images ci-dessous pour compléter les déclarations suivantes.

Porte-serviette A

Porte-serviette B

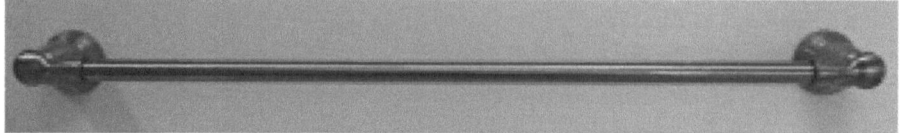

Porte-serviette C

a. Le porte-serviette _____ fait environ $\frac{1}{2}$ la longueur du porte-serviette C.

b. Le porte-serviette _____ fait environ $\frac{1}{3}$ la longueur du porte-serviette C.

c. Si le porte-serviette C mesure 6 pieds (6 ft) de long, alors le porte-serviette B fait environ _____ ft de long, et le porte-serviette A fait environ _____ ft de long.

d. Environ combien de copies du porte-serviette A font la longueur du porte-serviette C ? Dessine des liaisons numériques pour t'aider.

e. Environ combien de copies du porte-serviette B font la longueur du porte-serviette C ? Dessine des liaisons numériques pour t'aider.

6. Dessine 3 ficelles—B, C, et D—en suivant les instructions ci-dessous. La ficelle A a déjà été dessinée pour toi.

   - La ficelle B fait $\frac{1}{3}$ de la ficelle A.
   - La ficelle C fait $\frac{1}{2}$ de la ficelle B.
   - La ficelle D fait $\frac{1}{3}$ de la ficelle C.

Extension : la ficelle E fait 5 fois la longueur de la ficelle D.

Ficelle A

UNE HISTOIRE D'UNITÉS — Leçon 14 Aide aux devoirs 3•5

1. Dessine une liaison numérique pour chaque unité fractionnaire. Divise une bande de fraction pour montrer les fractions unitaires de la liaison numérique. Utilise la bande de fraction pour t'aider à étiqueter les fractions sur la ligne numérique. Assure-toi d'étiqueter les fractions à 0 et 1.

Tiers

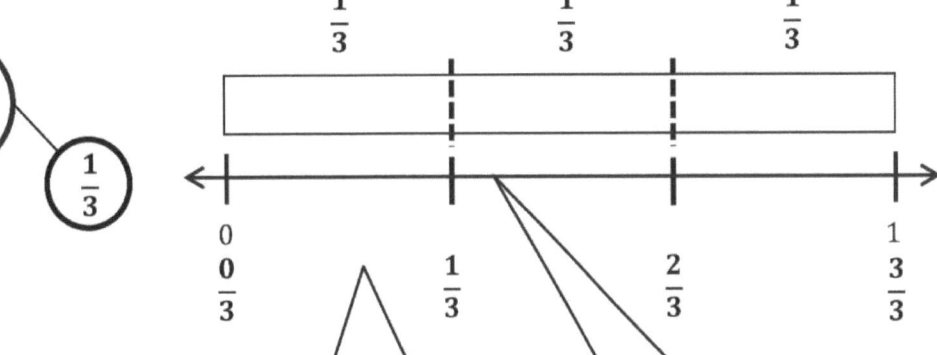

L'unité fractionnaire est le tiers. La liaison numérique montre que trois copies de $\frac{1}{3}$ font 1 tout.

J'ai divisé la bande de fraction (le rectangle au-dessus de la ligne de chiffres) en 3 parties égales et j'ai marqué chaque partie $\frac{1}{3}$. Les 3 copies de $\frac{1}{3}$ sur ma bande de fraction correspondent aux 3 copies de $\frac{1}{3}$ indiquées par ma liaison numérique.

Ma ligne numérique et ma bande de fraction sont de même longueur, j'ai donc utilisé les séparations de ma bande de fraction pour m'aider à savoir où faire des coches sur ma ligne numérique. Ensuite, j'ai compté les tiers de gauche à droite et j'ai indiqué combien de tiers j'avais comptés à chaque marque : $\frac{0}{3}, \frac{1}{3}, \frac{2}{3}, \frac{3}{3}$.

Leçon 14 : Placer des fractions sur une ligne numérique avec comme extrémités 0 et 1.

2. Une corde fait 1 mètre de long. M. Lee fait un nœud tous les $\frac{1}{4}$ de mètre. Le premier nœud est à $\frac{1}{4}$ de mètre. Le dernier nœud est à 1 mètre. Dessinez et marquez une ligne numérique de 0 à 1 mètre pour indiquer où M. Lee fait des nœuds. Marquez toutes les fractions, y compris les 0 quarts et les 4 quarts. Marquez également 0 mètre et 1 mètre.

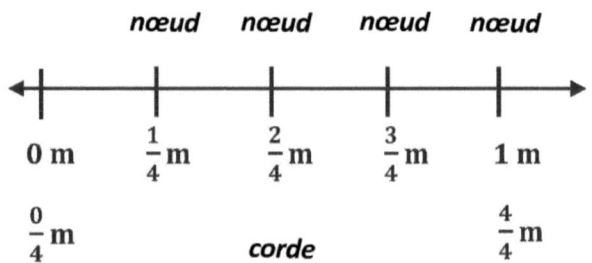

M. Lee fait des noeuds tous les $\frac{1}{4}$ de mètre, sa corde doit donc être divisée en 4 parties égales.

Je peux tracer une ligne numérique pour représenter la corde de M. Lee et ensuite la diviser en 4 parties égales. Je peux compter par quarts de gauche à droite en commençant par 0, ou 0 quarts, et les marquer à chaque coche : 0 quart, 1 quart, 2 quarts, 3 quarts, 4 quarts ou 1 mètre.

UNE HISTOIRE D'UNITÉS

Leçon 14 Devoirs 3•5

Nom _____ Date _____

1. Dessine une liaison numérique pour chaque unité fractionnaire. Divise une bande de fraction pour montrer les fractions unitaires de la liaison numérique. Utilise la bande de fraction pour t'aider à étiqueter les fractions sur la ligne numérique. Assure-toi d'étiqueter les fractions à 0 et 1.

   a. Moitiés

   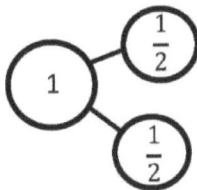 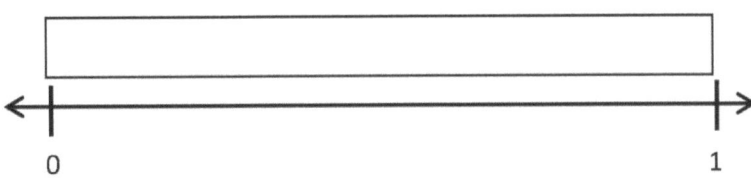

   b. Huitièmes

    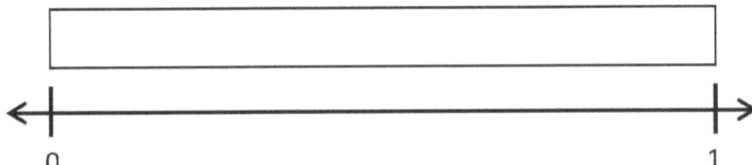

   c. Cinquièmes

    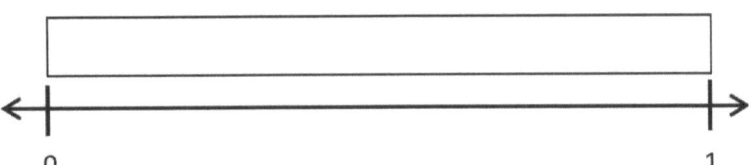

Leçon 14 : Placer des fractions sur une ligne numérique avec comme extrémités 0 et 1.

2. Carter doit emballer 7 cadeaux. Il pose le ruban à plat et dit, «Si je coupe à 6 endroits à égale distance l'un de l'autre, j'aurai assez de morceaux. Je peux utiliser 1 morceau par paquet, et je n'aurai pas de morceau restant.» A-t-il assez de morceaux pour emballer ses cadeaux ?

3. Mme Rivera plante des fleurs dans sa jardinière rectangulaire de 1 mètres de long. Elle divise sa jardinière en sections de $\frac{1}{9}$ mètre de long, et plante 1 graine dans chaque section. Dessine et étiquette une bande de fraction représentant la jardinière de 0 mètre à 1 mètre. Représente chaque section où Mme Rivera va planter une graine. Étiquette toutes les fractions.

   a. Combien de graines pourra-t-elle planter dans 1 jardinière ?

   b. Combien de graines pourra-t-elle planter dans 4 jardinières ?

   c. Trace une ligne numérique sous ta bande de fraction et indique toutes les fractions.

UNE HISTOIRE D'UNITÉS — Leçon 15 Aide aux devoirs — 3•5

1. Fais une estimation pour étiqueter la fraction donnée sur la ligne numérique. Assure-toi d'étiqueter les fractions à 0 et 1. Écris les fractions au-dessus de la ligne numérique. Dessine une liaison numérique qui correspond à ta ligne numérique.

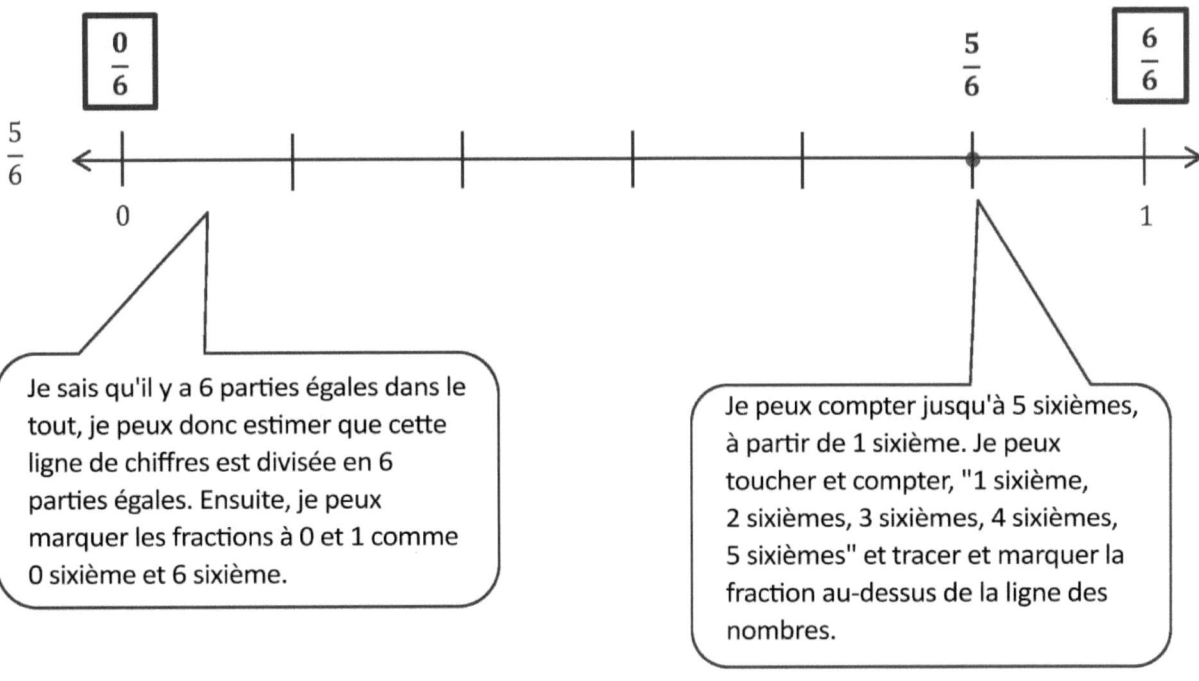

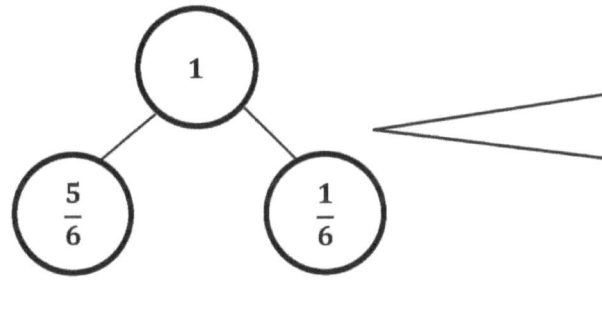

Leçon 15 : Placer toute fraction sur une ligne numérique avec comme extrémités 0 et 1.

2. Claire a fait 6 nœuds espacés à égale distance sur son ruban, tel qu'illustré.

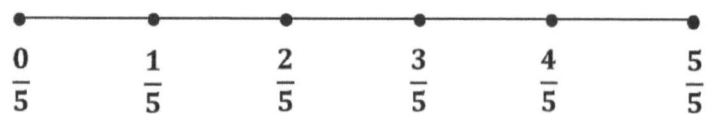

> Je sais que je dois compter le nombre de parties égales, et non le nombre de nœuds que Claire a faits. Même si Claire a fait 6 nœuds, il y a 5 parties égales.

a. En commençant au premier nœud et en terminant au dernier, combien de parties égales sont formées par les 6 nœuds ? Étiquette chaque fraction au nœud.

   Il y a 5 parties égales.

   > Comme il y a 5 parties égales, je peux appeler les fractions des cinquièmes, en commençant par 0 cinquième au premier nœud et 5 cinquièmes au dernier nœud.

b. Quelle fraction de la corde est étiquetée au quatrième nœud ?

   $\dfrac{3}{5}$

   > Je sais que le premier nœud est de 0 cinquième. Quand je touche et compte par cinquièmes jusqu'au quatrième nœud, je compte 3 cinquièmes.

UNE HISTOIRE D'UNITÉS

Leçon 15 Devoirs   3•5

Nom _____   Date _____

1. Fais une estimation pour étiqueter les fractions données sur la ligne numérique. Assure-toi d'étiqueter les fractions à 0 et 1. Écris les fractions au-dessus de la ligne numérique. Dessine une liaison numérique qui correspond à ta ligne numérique. Le premier a été fait pour toi.

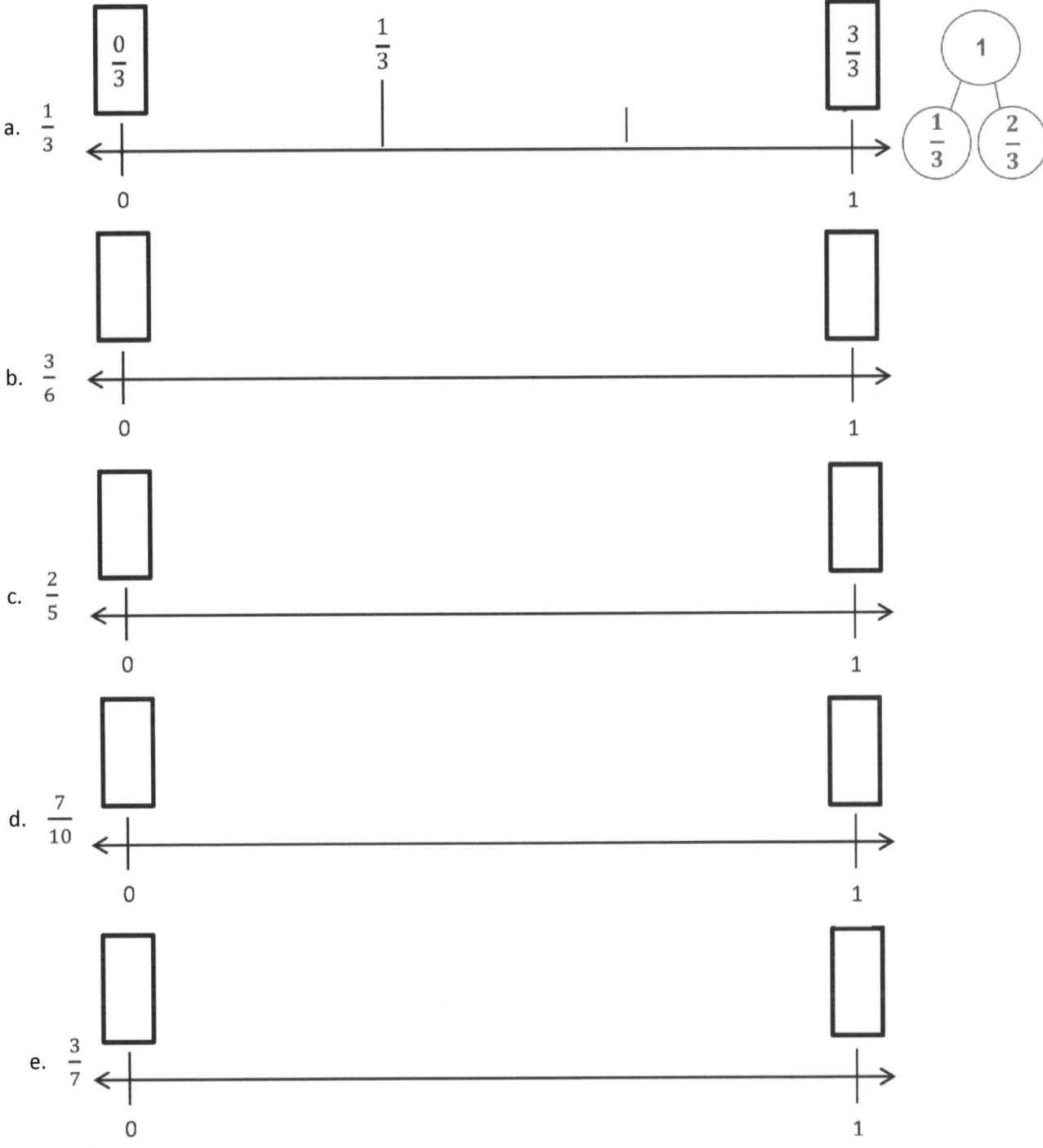

Leçon 15 : Placer toute fraction sur une ligne numérique avec comme extrémités 0 et 1.

2. Henry a 5 dimes. Ben a 9 dimes. Tina a 2 dimes.

   a. Écris la valeur de l'argent de chaque personne comme une fraction d'un dollar.

   Henry :

   Ben :

   Tina :

   b. Fais une estimation pour placer chaque fraction sur la ligne numérique.

   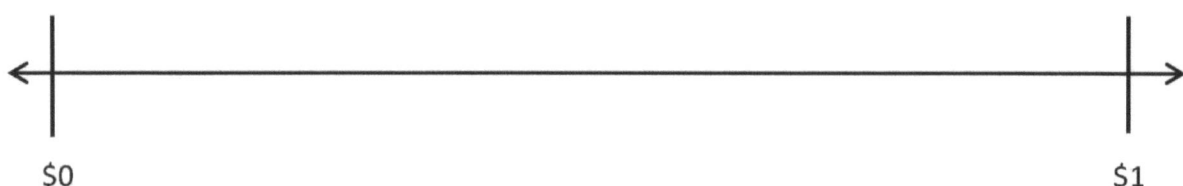

   $0 $1

3. Trace une ligne numérique. Utilise la bande de fraction pour localiser 0 et 1. Plie la bande pour faire 8 parties égales.

   a. Utilise la bande pour mesurer et étiqueter ta ligne numérique avec des huitièmes.

   b. Compte de 0 huitième à 8 huitièmes sur ta ligne numérique. Pose ton doigt sur chaque nombre pendant que tu comptes.

1. Fais une estimation pour diviser de manière égale et étiqueter les fractions sur la ligne numérique. Étiquette les nombres entiers comme des fractions, et encadre-les.

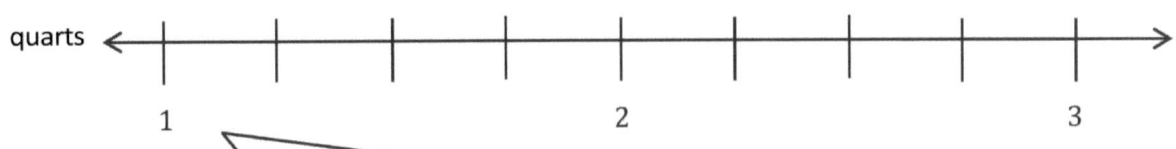

Dans la pratique précédente, l'extrémité gauche de la ligne numérique était 0. Ici, ça commence à 1. Les flèches sur la ligne numérique me disent qu'il y a plus de chiffres, mais cela ne les montre pas. Je peux toujours diviser la ligne numérique en quarts.

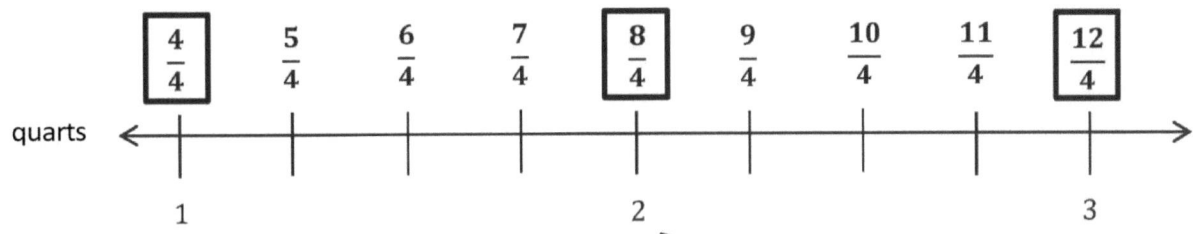

Je sais qu'il y a 4 quarts en 1, donc je peux marquer 4 quarts au-dessus du 1. Ensuite, je peux compter par quarts et marquer les fractions jusqu'à 3.

Je vois que 8 quarts est au même point que 2. Cela signifie que 8 quarts et 2 sont équivalents. C'est la même chose avec 12 quarts et 3. Je peux encadrer ces chiffres pour faire apparaître les nombres entiers sous forme de fractions.

2. Trace une ligne numérique avec comme extrémités 4 et 6. Étiquette les nombres entiers. Fais une estimation pour diviser chaque intervalle en sixièmes, et étiquette-les. Encadre les fractions qui sont situées sur les mêmes points que les nombres entiers.

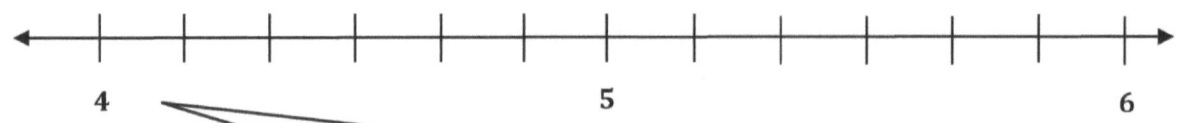

Je peux d'abord tracer une ligne numérique avec les extrémités 4 et 6. Je vois qu'il manque 5 sur la ligne numérique, je dois donc cocher et marquer 5 au point situé à mi-chemin entre 4 et 6. Après avoir marqué les nombres entiers, je peux diviser chaque intervalle en 6 longueurs égales.

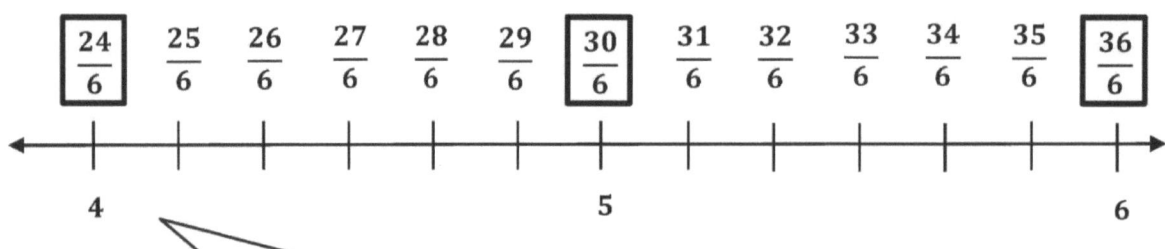

Cette ligne numérique commence à 4. Je dois déterminer combien de sixièmes sont équivalents à 4. Je sais que 6 copies 1 sixième font 1, donc 12 copies d'un sixième font 2, 18 copies font 3, et 24 copies font 4. Je remarque un modèle. Je compte par 6 sixièmes pour arriver au prochain nombre entier. Cela veut dire que je peux aussi simplement multiplier 4 x 6/6 pour obtenir 24/6. Maintenant que je sais que 24 sixièmes sont équivalents à 4, je peux compter sur moi pour remplir le reste de ma ligne numérique.

Nom _____ Date _____

1. Fais une estimation pour diviser de manière égale et étiqueter les fractions sur la ligne numérique. Étiquette les tous comme des fractions, et encadre-les. Le premier a été fait pour toi.

a. tiers

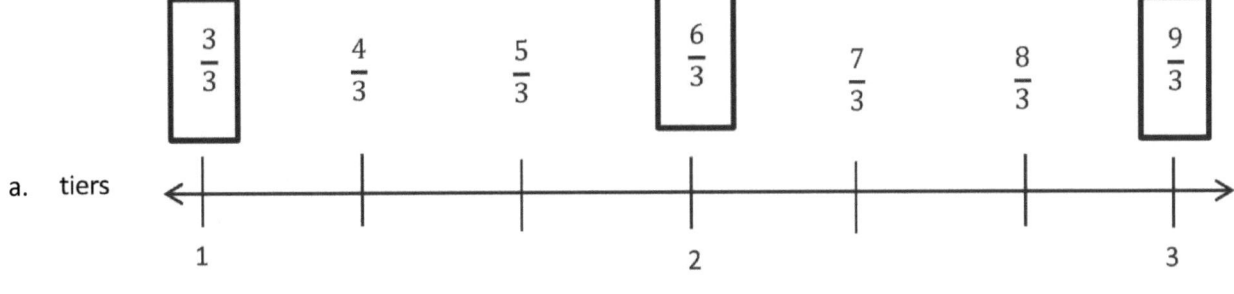

b. huitièmes

c. quarts

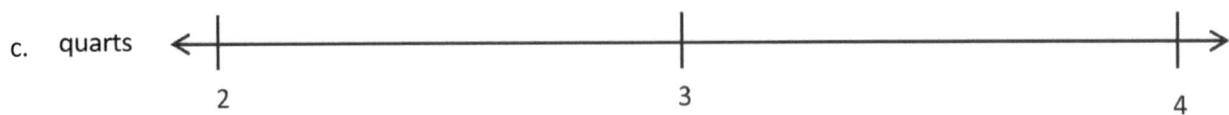

d. moitiés

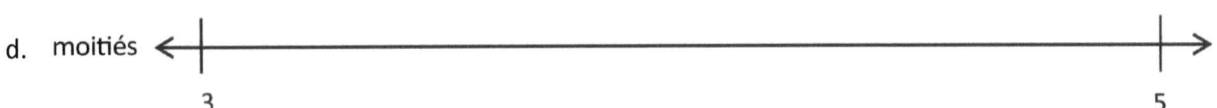

e. cinquièmes

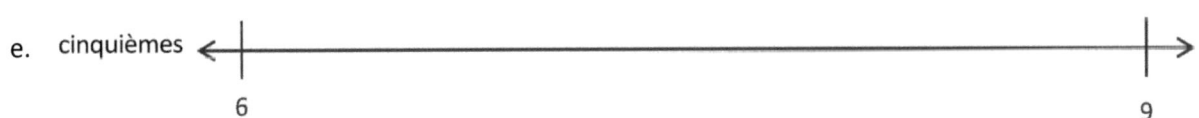

2. Divise chaque nombre entier en sixièmes. Étiquette chaque fraction. Compte au fur et à mesure. Encadre les fractions qui sont situées sur les mêmes points que les nombres entiers.

3. Divise chaque nombre entier en moitiés. Étiquette chaque fraction. Compte au fur et à mesure. Encadre les fractions qui sont situées sur les mêmes points que les nombres entiers.

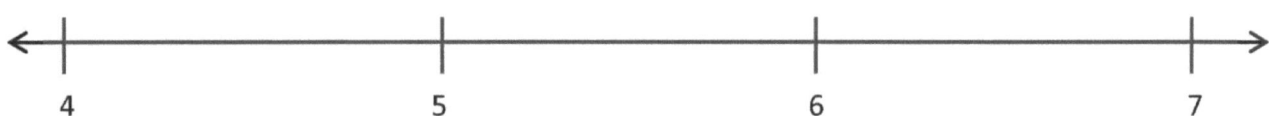

4. Trace une ligne numérique avec comme extrémités 0 et 3. Étiquette les nombres entiers. Divise chaque nombre entier en cinquièmes. Étiquette toutes les fractions de 0 à 3. Encadre les fractions qui sont situées sur les mêmes points que les nombres entiers. Utilise une feuille séparée si tu as besoin de plus de place.

UNE HISTOIRE D'UNITÉS — Leçon 17 Aide aux devoirs 3•5

1. Trouve et étiquette les fractions suivantes sur la ligne numérique.

$\frac{16}{3}$ $\frac{20}{3}$ $\frac{12}{3}$ $\frac{14}{3}$ $\frac{10}{3}$

> Je remarque que toutes ces fractions sont des tiers. Cela signifie que je dois diviser ma ligne numérique en tiers.

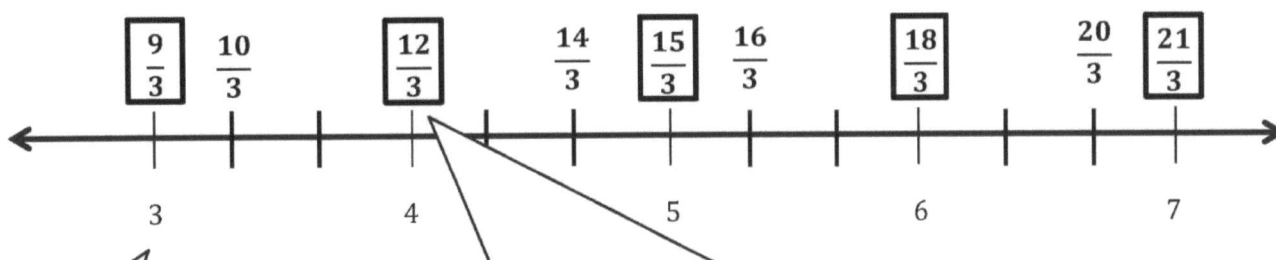

> La ligne numérique commence par 3 car toutes les fractions données sont supérieures à 3.

> Les fractions que je dois trouver et marquer sont hors service. Pour m'aider à les placer sur la ligne numérique, je peux d'abord marquer les nombres entiers comme des tiers. Je vais les encadrer pour qu'il soit facile de se rappeler qu'ils représentent des nombres entiers. Je peux compter par trois pour trouver chaque nombre de tiers : 1 = 3 tiers, 2 = 6 tiers, 3 = 9 tiers, 4 = 12 tiers, 5 = 15 tiers, 6 = 18 tiers, 7 = 21 tiers. Il est maintenant plus facile de marquer toutes les fractions données sur la ligne numérique.

Leçon 17 : S'entraîner à placer plusieurs fractions sur la ligne numérique.

2. Les élèves mesurent la longueur de leurs vers de terre au cours de science. Celui de Nathan mesure 3 pouces (3 in) de long. Celui d'Elisha fait $\frac{15}{4}$ pouces (in) de long. Quel ver est le plus long ? Trace une ligne numérique pour t'aider à prouver ta réponse.

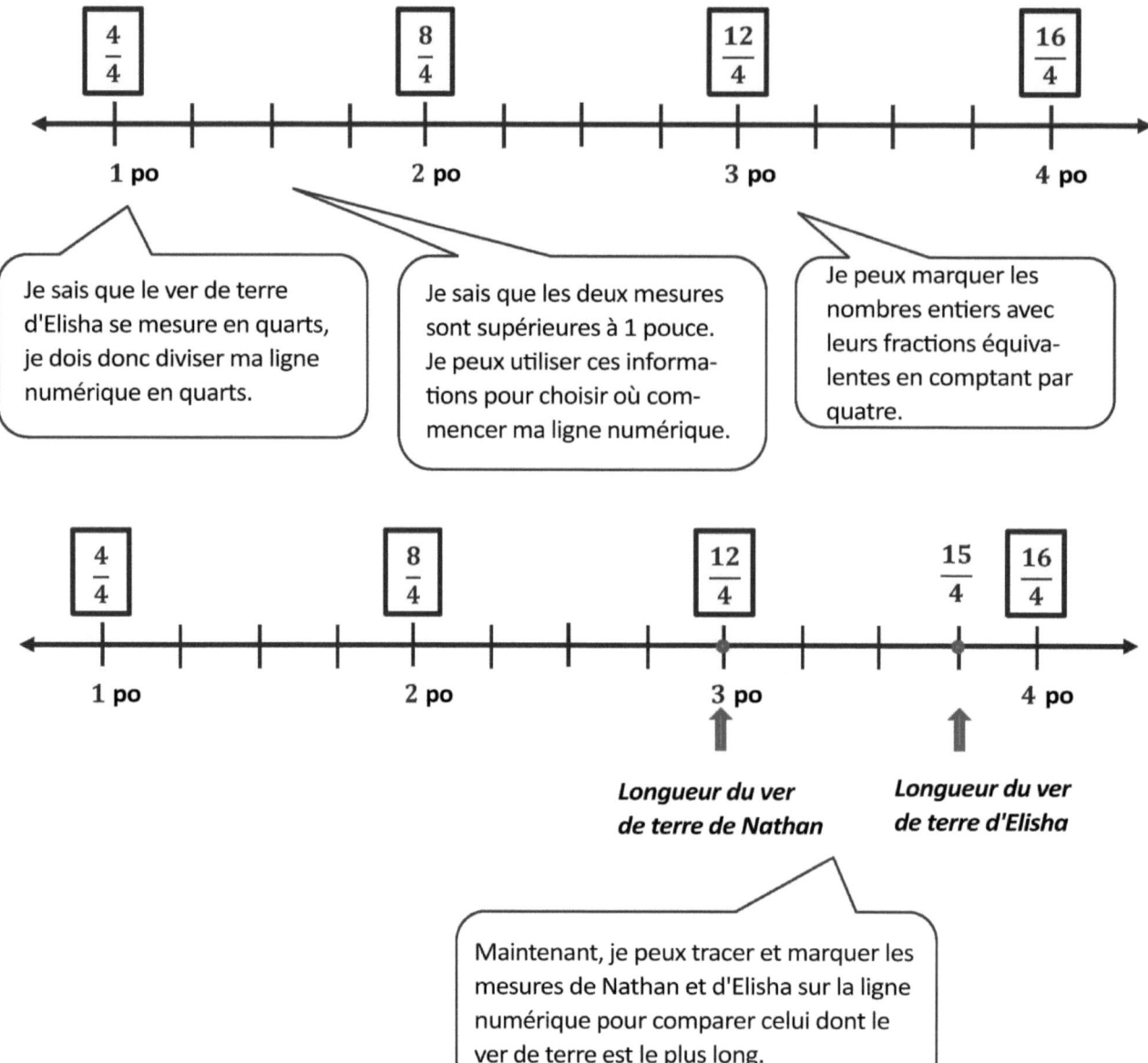

Le ver de terre d'Elisha est plus long. Je peux voir que 3 pouces (in), ou $\frac{12}{4}$, vient avant $\frac{15}{4}$ pouces (in) sur la ligne numérique.

Nom _____ Date _____

1. Trouve et étiquette les fractions suivantes sur la ligne numérique.

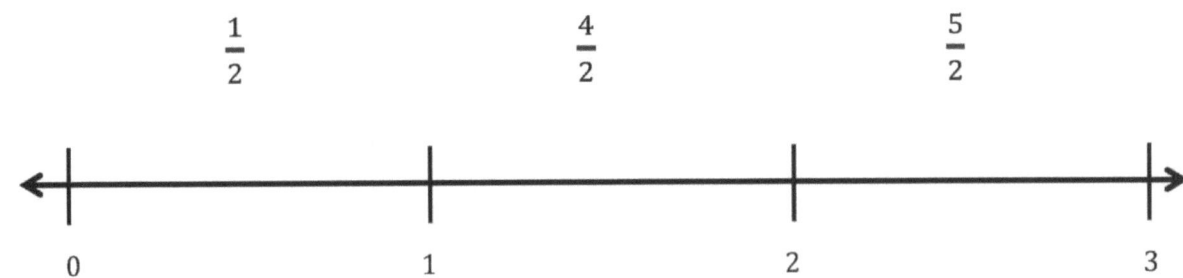

2. Trouve et étiquette les fractions suivantes sur la ligne numérique.

3. Trouve et étiquette les fractions suivantes sur la ligne numérique.

Leçon 17 : S'entraîner à placer plusieurs fractions sur la ligne numérique.

4. Wayne a fait une randonnée de 4 kilomètres. Il a fait une pause à $\frac{4}{3}$ kilomètres. Il a bu de l'eau à $\frac{10}{3}$ kilomètres. Représente la randonnée de Wayne sur la ligne numérique. Indique son lieu de départ et d'arrivée et les 2 points où il s'est arrêté.

5. Ali veut acheter un piano. Le piano mesure $\frac{19}{4}$ pieds (ft) de long. Elle a un espace de 5 pieds (ft) de long pour le piano chez elle. A-t-elle assez de place ? Trace une ligne numérique, et explique ta réponse.

UNE HISTOIRE D'UNITÉS Leçon 18 Aide aux devoirs 3•5

Place les deux fractions sur la ligne numérique. Entoure la fraction avec la distance la plus proche de 0. Ensuite, compare à l'aide de >, <, ou =.

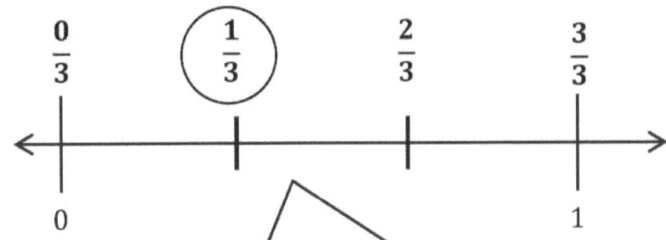

1.

Les deux fractions sont des tiers, je dois donc diviser ma ligne numérique en tiers. Ensuite, je peux compter et marquer les 2 fractions sur la ligne numérique et entourer la fraction avec la distance la plus proche de 0.

Je vois la ligne numérique comme une règle géante. Quand j'utilise une règle, je commence à 0 pour mesurer. Ensuite, je peux comparer les mesures. C'est la même chose quand on compare des fractions. La distance de la fraction par rapport à 0 m'aide à comparer. Un tiers est une distance plus courte par rapport à 0, il s'agit donc de la plus petite fraction. 2 tiers est une distance plus grande de 0, donc c'est la plus grande fraction.

2.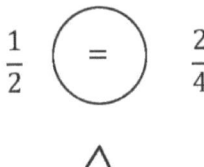

Ces fractions ont des nombres différents dans la partie inférieure. Je vais compter et marquer les moitiés au-dessus de ma ligne numérique et les quarts en dessous.

Je sais que ce sont des fractions équivalentes car elles sont à la même distance de 0 sur la ligne numérique. Je les ai tracés au même endroit.

EUREKA MATH Leçon 18 : Comparer des fractions et des nombres entiers sur la ligne numérique en réfléchissant à leur distance par rapport à 0.

Copyright © Great Minds PBC

3. Pour aller à la bibliothèque, John marche $\frac{1}{3}$ mile depuis sa maison. Susan marche $\frac{3}{4}$ mile depuis sa maison. Trace une ligne numérique pour modéliser la distance que parcourt chaque élève. Qui marche le plus ? Explique comment tu le sais à l'aide de dessins, de nombres et de mots.

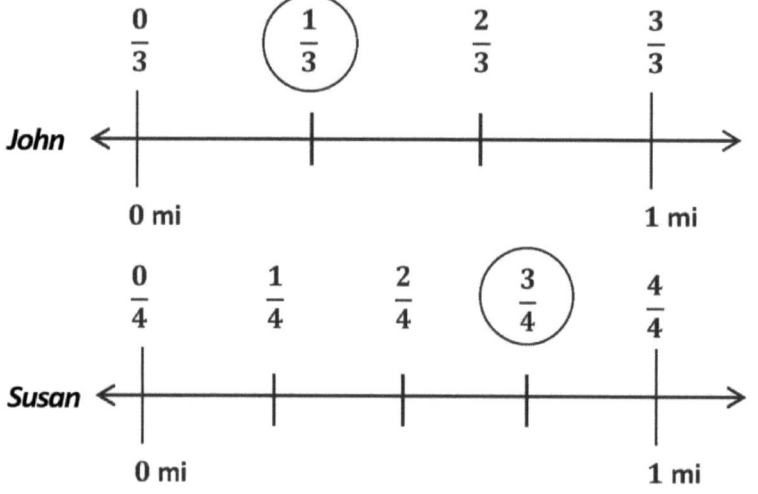

$\frac{1}{3} < \frac{3}{4}$

Susan marche plus loin. Mes lignes numériques montrent que $\frac{1}{3}$ est plus proche de 0 que $\frac{3}{4}$, donc $\frac{1}{3}$ est inférieur à $\frac{3}{4}$.

Je peux dessiner 2 lignes numériques. La ligne numérique de John est divisée en tiers, et celle de Susan en quarts. Je dois m'assurer que mes deux lignes numériques ont la même distance de 0 à 1 car si le tout change, alors la distance entre les fractions change aussi. Je ne pourrais pas comparer les deux distances avec précision.

Nom _____ Date _____

Place les deux fractions sur la ligne numérique. Entoure la fraction avec la distance la plus proche de 0. Ensuite, compare à l'aide de >, <, ou =.

1. $\frac{1}{3}$ ◯ $\frac{2}{3}$

2. $\frac{4}{6}$ ◯ $\frac{1}{6}$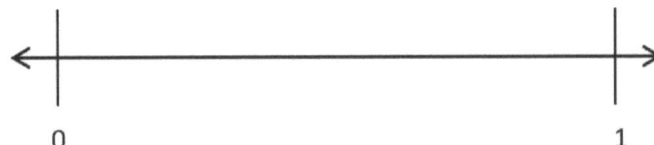

3. $\frac{1}{4}$ ◯ $\frac{1}{8}$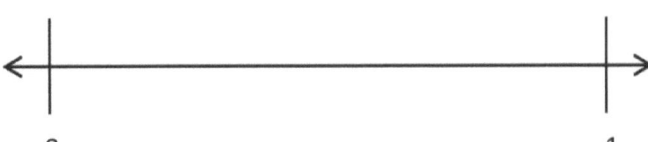

4. $\frac{4}{5}$ ◯ $\frac{4}{10}$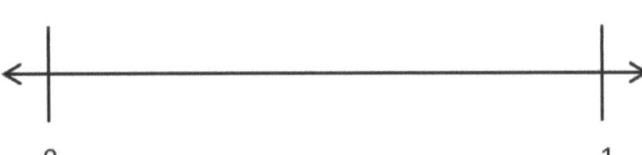

5. $\frac{8}{6}$ ◯ $\frac{5}{3}$

6. Liz et Jay ont chacun un morceau de ficelle. La ficelle de Liz fait $\frac{4}{6}$ yards de long, et la ficelle de Jay fait $\frac{5}{7}$ yards de long. Qui a la ficelle la plus longue ? Trace une ligne numérique pour modéliser la longueur des deux ficelles. Explique la comparaison à l'aide de dessins, de nombres et de mots.

7. Lors d'une compétition de saut en longueur, Wendy a sauté $\frac{9}{10}$ mètres, et Judy a sauté $\frac{10}{9}$ mètres. Trace une ligne numérique pour modéliser la distance du saut de chacune des filles. Qui a sauté la distance la plus courte ? Explique comment tu le sais à l'aide d'images, de nombres et de mots.

8. Nikki a 3 morceaux de fil. Le premier morceau fait $\frac{5}{6}$ pieds (ft) de long, le deuxième morceau fait $\frac{5}{3}$ pieds (ft) de long, et le troisième morceau fait $\frac{3}{2}$ pieds (ft) de long. Elle veut les arranger du plus court au plus long. Trace une ligne numérique pour modéliser la longueur de chaque morceau de fil. Écris une phrase numérique en utilisant <, >, ou = pour comparer les morceaux. Explique à l'aide d'images, de nombres et de mots.

1. Divise la ligne numérique en l'unité fractionnaire donnée. Ensuite, étiquette les fractions. Écris chaque nombre entier comme une fraction en utilisant l'unité donnée.

   Cinquièmes

   $\frac{3}{5}$ $\frac{14}{5}$ $\frac{8}{5}$

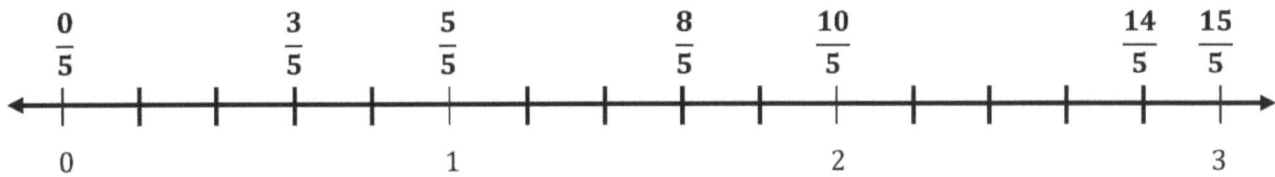

2. Utilise la ligne numérique pour comparer les éléments suivants à l'aide de >, <, ou =.

   Je peux comparer ces nombres en regardant leur distance par rapport à 0. Je sais que le plus petit nombre sera à gauche du plus grand car il est plus proche de 0.

   Les 3 cinquièmes sont une distance plus courte par rapport à 0, il s'agit donc d'une fraction plus petite. 8 cinquièmes est une plus grande distance de 0, donc c'est une plus grande fraction.

   Le fait d'écrire chaque nombre entier comme une fraction sur la ligne numérique m'aide à comparer les nombres entiers et les fractions.

Leçon 19 : Comprendre la distance et la position sur la ligne numérique comme stratégies pour comparer des fractions. (Facultatif)

3. Utilise la ligne numérique du Problème 1 pour t'aider. Lequel est le plus grand : 2 ou $\frac{9}{5}$? Utilise des images, des nombres ou des mots pour expliquer ta réponse.

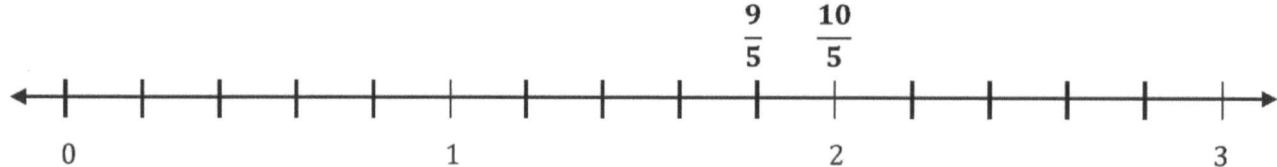

2 est plus grand que $\frac{9}{5}$. On peut voir que $\frac{9}{5}$ est à gauche de 2 sur la ligne numérique, ce qui signifie que $\frac{9}{5}$ est plus proche de 0, donc $\frac{9}{5}$ est plus petit que 2.

Nom _____   Date _____

1. Divise chaque ligne numérique en l'unité fractionnaire donnée. Ensuite, place les fractions. Écris chaque nombre entier comme une fraction.

   a. tiers $\frac{6}{3}$ $\frac{5}{3}$ $\frac{8}{3}$

   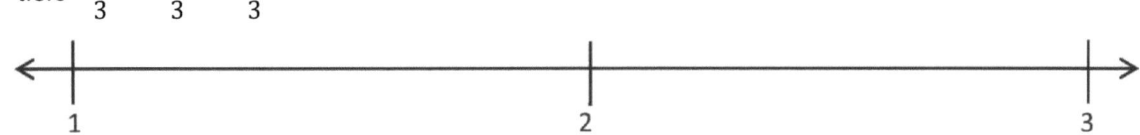

   b. sixièmes $\frac{10}{6}$ $\frac{18}{6}$ $\frac{15}{6}$

   c. cinquièmes $\frac{14}{5}$ $\frac{7}{5}$ $\frac{11}{5}$

   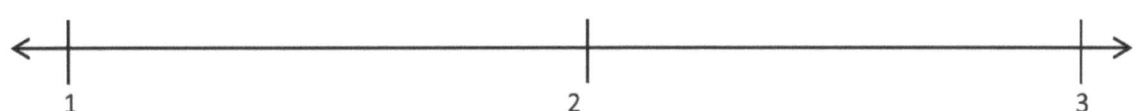

2. Utilise les lignes numériques ci-dessus pour comparer les fractions suivantes en utilisant >, <, ou =.

   $\frac{17}{6}$ ◯ $\frac{15}{6}$ $\frac{7}{3}$ ◯ $\frac{9}{3}$ $\frac{11}{5}$ ◯ $\frac{8}{5}$

   $\frac{4}{3}$ ◯ $\frac{8}{6}$ $\frac{13}{6}$ ◯ $\frac{8}{3}$ $\frac{11}{6}$ ◯ $\frac{5}{3}$

   $\frac{10}{6}$ ◯ $\frac{3}{3}$ $\frac{6}{3}$ ◯ $\frac{12}{6}$ $\frac{15}{5}$ ◯ $\frac{5}{3}$

3. Utilise les fractions des lignes numériques du Problème 1. Termine la phrase. Utilise des mots, des images ou des nombres pour expliquer comment tu as fait cette comparaison.

_____ est *plus grand que* _____.

4. Utilise les fractions des lignes numériques du Problème 1. Termine la phrase. Utilise des mots, des images ou des nombres pour expliquer comment tu as fait cette comparaison.

_____ est *plus petit que* _____.

5. Utilise les fractions des lignes numériques du Problème 1. Termine la phrase. Utilise des mots, des images ou des nombres pour expliquer comment tu as fait cette comparaison.

_____ est *égal à* _____.

1. Ces deux formes montrent toutes les deux $\frac{3}{4}$ grisé.

   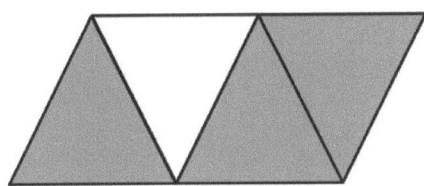   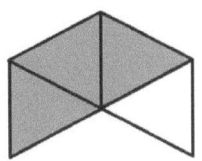

   > Je peux voir que les deux formes sont composées de triangles, mais la taille des triangles est différente dans chaque forme.

   a. Le aires grisées sont-elles équivalentes ? Pourquoi ou pourquoi pas ?

      Non, les aires grisées ne sont pas équivalentes. Les deux formes ont 3 triangles grisés, mais la taille des triangles dans chaque forme est différente. Cela signifie que les aires grisées ne peuvent pas être équivalentes.

   b. Dessine deux représentations différentes de $\frac{3}{4}$ qui sont équivalentes.

      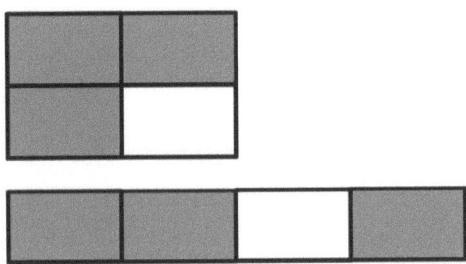

      > Je peux utiliser les mêmes unités pour dessiner deux représentations différentes de $\frac{3}{4}$ qui sont équivalentes. Je peux réorganiser les unités pour leur donner une forme différente.

2. Brian a marché $\frac{2}{4}$ mile jusqu'en bas de la rue. Wilson a marché $\frac{2}{4}$ mile autour du pâté de maisons. Qui a marché le plus ?

   Explique ton raisonnement.

   Brian _____

   Wilson ☐

   > Je peux voir que ces formes sont différentes, mais je dois penser aux unités. Ils ont tous deux marché $\frac{2}{4}$ mile, et comme les unités (miles) et les fractions sont les mêmes, les fractions sont équivalentes.

   Ils ont tous les deux parcouru la même distance parce que les unités sont les mêmes. Ils ont tous les deux parcouru $\frac{2}{4}$ mile même s'ils ont suivi des chemins très différents. Brian a marché en ligne droite, et Wilson a marché selon une forme rectangulaire. Les formes sont différentes, mais la distance est identique, $\frac{2}{4}$ mile.

Leçon 20 : Reconnaître et montrer que des fractions équivalentes ont la même taille, mais pas nécessairement la même forme.

Nom _____ Date _____

1. Étiquette la fraction grisée. Dessine 2 représentations différentes de la même quantité fractionnaire.

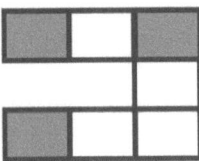

2. Ces deux formes montrent toutes les deux $\frac{4}{5}$.

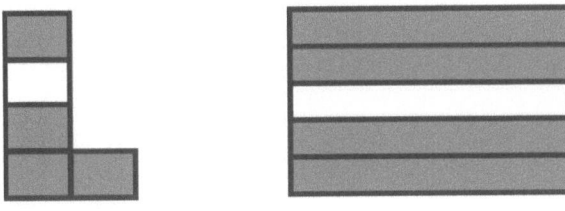

   a. Les formes sont-elles équivalentes ? Pourquoi ou pourquoi pas ?

   b. Dessine deux représentations différentes de $\frac{4}{5}$ qui sont équivalentes.

3. Diana a couru un quart de mile en ligne droite dans la rue. Becky a couru un quart de mile sur une piste. Qui a couru le plus ? Explique ton raisonnement.

   Diana _____

   Becky   ⬭

1. Utilise les unités fractionnaires à gauche pour compter sur la ligne numérique. Étiquette les fractions manquantes dans les blancs.

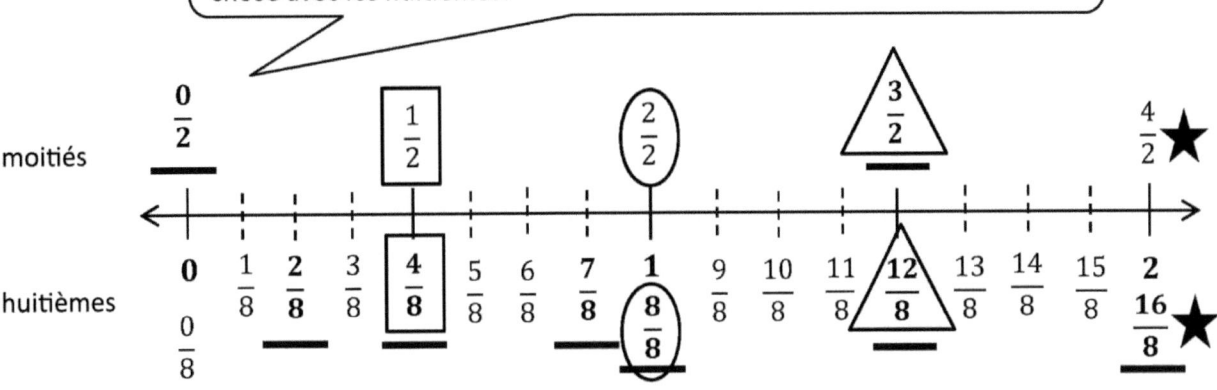

2. Utilise la ligne numérique au-dessus pour :
   - Les fractions de cercle sont égales à 1.
   - Tracez une boîte autour des fractions égales à une moitié.
   - Dessinez une étoile à côté des fractions égales à 2.
   - Dessinez un triangle autour des fractions égales à 3 moitiés.
   - écrire une paire de fractions qui sont équivalentes.

   Je sais que les fractions équivalentes se trouvent au même endroit sur la ligne numérique. Je vois que $\frac{2}{2}$ et $\frac{8}{8}$ sont égaux à 1 parce qu'ils se trouvent au même endroit sur la ligne numérique.

   $$\frac{3}{2} = \frac{12}{8}$$

   $\frac{3}{2}$ et $\frac{12}{8}$ sont des fractions équivalentes car elles se trouvent au même endroit sur la ligne numérique.

Leçon 21 : Reconnaître et montrer que des fractions équivalentes désignent le même point sur la ligne numérique.

Nom _____ Date _____

1. Utilise les unités fractionnaires à gauche pour compter sur la ligne numérique. Étiquette les fractions manquantes dans les blancs.

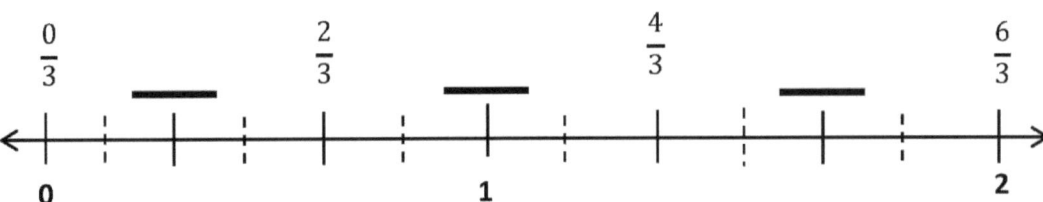

2. Utilise la ligne numérique au-dessus pour :
   - colorier les fractions égales à 1 en mauve ;
   - colorier les fractions égales à 2 quarts en jaune ;
   - colorier les fractions égales à 2 en bleu ;
   - colorier les fractions égales à 5 tiers en vert ;
   - écrire une paire de fractions qui sont équivalentes.

   _____ = _____

Leçon 21 : Reconnaître et montrer que des fractions équivalentes désignent le même point sur la ligne numérique.

3. Utilise les lignes numériques de la page précédente pour rendre ces phrases numériques vraies.

$$\frac{1}{4} = \frac{}{8} \qquad \frac{6}{4} = \frac{12}{} \qquad \frac{2}{3} = \frac{}{6}$$

$$\frac{6}{3} = \frac{12}{} \qquad \frac{3}{3} = \frac{}{6} \qquad 2 = \frac{8}{4} = \frac{}{8}$$

4. M. Fairfax a commandé 3 grandes pizzas pour une fête de classe. Le groupe A a mangé $\frac{?}{?}$ de la première pizza, et le groupe B a mangé $\frac{8}{6}$ du reste de pizza. Pendant la fête, la classe a parlé de quel groupe a mangé le plus de pizza.

   a. Est-ce le groupe A ou le groupe B qui a mangé le plus de pizza ? Utilise des mots et des images pour expliquer ta réponse à la classe.

   b. Plus tard, le groupe C a mangé tous les morceaux de pizza restants. Quelle fraction de la pizza le groupe C a-t-il mangé ? Utilise des mots et des images pour expliquer ta réponse.

UNE HISTOIRE D'UNITÉS — Leçon 22 Aide aux devoirs 3•5

1. Écris la fraction grisée de chaque figure dans l'espace blanc. Ensuite, relie les fractions équivalentes.

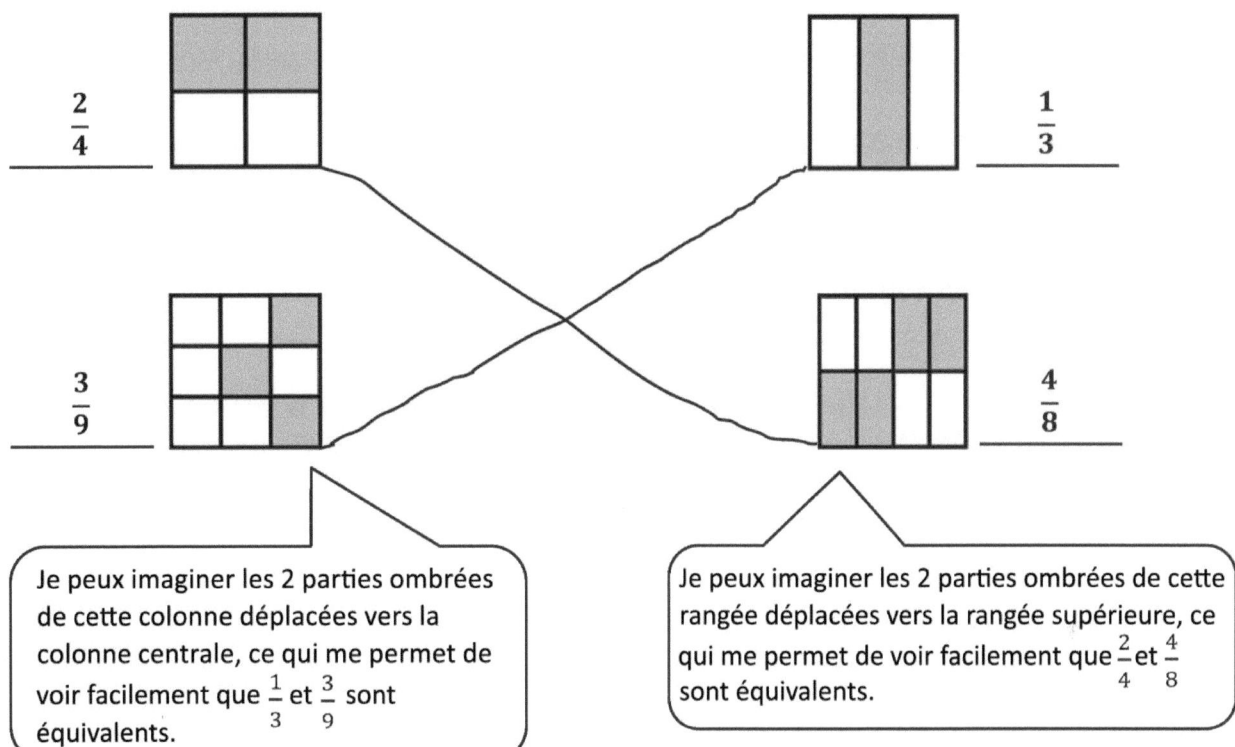

2. Complète la fraction pour rendre la phrase vraie.

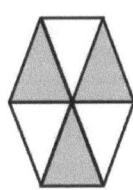

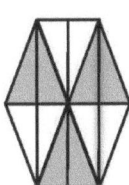

$$\frac{3}{6} = \frac{6}{12}$$

Je peux compter les parties ombrées dans la deuxième forme pour voir que $\frac{3}{6}$ et $\frac{6}{12}$ sont équivalents.

Leçon 22 : Générer des fractions équivalentes simples à l'aide de modèles de fraction visuels et la ligne numérique.

UNE HISTOIRE D'UNITÉS

Leçon 22 Aide aux devoirs 3•5

3. Pourquoi faut-il 2 copies de $\frac{1}{4}$ pour montrer la même quantité que 1 copie de $\frac{1}{2}$? Explique ta réponse en mots et en images.

$\frac{1}{2}$ [modèle avec 1 partie sur 2 ombragée]

$\frac{2}{4}$ [modèle avec 2 parties sur 4 ombragées]

Je peux dessiner 2 modèles, où chaque tout est de la même taille. Ensuite, je peux partitionner et ombrager pour montrer que $\frac{2}{4} = \frac{1}{2}$.

Il y a le double de parties égales dans des quarts que dans des moitiés, donc tu dois doubler le nombre de copies pour montrer des fractions équivalentes.

4. Combien de huitièmes faut-il pour faire la même quantité que $\frac{1}{4}$? Explique ta réponse avec des mots et des images.

$\frac{1}{4}$ [modèle avec 1 partie sur 4 ombragée]

$\frac{2}{8}$ [modèle avec 2 parties sur 8 ombragées]

Mes modèles montrent que pour chaque quart, il y en a $\frac{2}{8}$. Les huitièmes sont des unités plus petites que les quarts, il faut donc plus de huitièmes pour égaler un quart.

Il faut 2 huitièmes pour faire la même quantité que $\frac{1}{4}$ parce qu'il y a le double de parties égales dans huitièmes, donc il en faut deux fois plus.

5. On a coupé une pizza en 6 morceaux égaux. Si Lizzie a mangé $\frac{1}{3}$ de la pizza, combien de morceaux a-t-elle mangés ? Explique ta réponse à l'aide d'une ligne numérique et de mots.

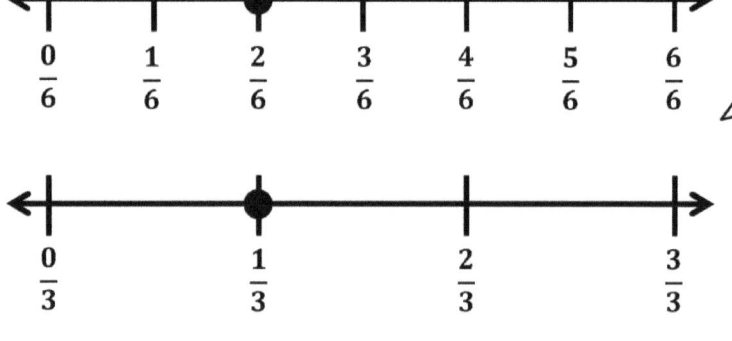

Je peux dessiner deux lignes numériques de la même taille. Je peux en diviser un en sixièmes et l'autre en tiers. Mes lignes numériques montrent que $\frac{1}{3}$ équivaut à $\frac{2}{6}$. J'aurais également pu tracer une ligne numérique et la diviser en tiers et en sixièmes.

Lizzie a mangé 2 morceaux de pizza parce que mes lignes numériques montrent que $\frac{1}{3} = \frac{2}{6}$, et $\frac{2}{6}$ signifie qu'elle a mangé 2 des 6 morceaux.

Leçon 22 : Générer des fractions équivalentes simples à l'aide de modèles de fraction visuels et la ligne numérique.

UNE HISTOIRE D'UNITÉS

Leçon 22 Devoirs 3•5

Nom _____ Date _____

1. Écris la fraction grisée de chaque figure dans l'espace blanc. Ensuite, relie les fractions équivalentes.

2. Complètes les fractions pour faire des phrases vraies.

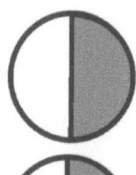

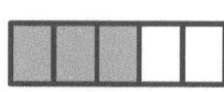

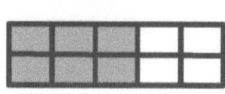

$\frac{1}{2} = \frac{4}{}$ $\frac{3}{5} = \frac{}{10}$ $\frac{3}{9} = \frac{6}{}$

3. Pourquoi faut-il 3 copies de $\frac{1}{6}$ pour montrer la même quantité que 1 copie de $\frac{1}{2}$? Explique ta réponse en mots et en images.

4. Combien de neuvièmes faut-il pour faire la même quantité que $\frac{1}{3}$? Explique ta réponse en mots et en images.

5. Une tarte a été coupée en 8 morceaux égaux. Si Ruben a mangé $\frac{3}{4}$ de la tarte, combien de morceaux a-t-il mangés ? Explique ta réponse à l'aide d'une ligne numérique et de mots.

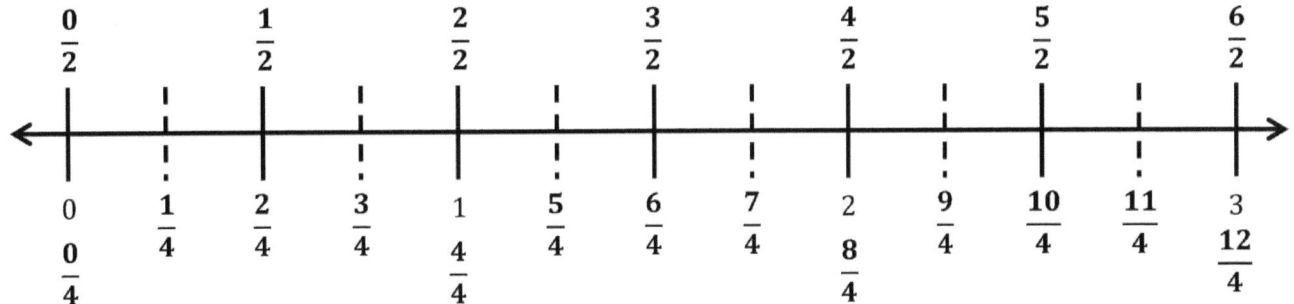

1. Sur la ligne numérique ci-dessus, divise chaque nombre entier en moitiés, et étiquette les moitiés au-dessus de la ligne.

2. Sur la ligne numérique ci-dessus, divise chaque nombre entier en quarts, et étiquette les quarts en dessous de la ligne.

3. Écris les fractions qui nomment le même endroit sur la ligne numérique.

    $\dfrac{0}{4} = \dfrac{0}{2}$ $\dfrac{2}{4} = \dfrac{1}{2}$ $\dfrac{4}{4} = \dfrac{2}{2}$ $\dfrac{6}{4} = \dfrac{3}{2}$

    $\dfrac{8}{4} = \dfrac{4}{2}$ $\dfrac{10}{4} = \dfrac{5}{2}$ $\dfrac{12}{4} = \dfrac{6}{2}$

    > Je peux utiliser un signe égal pour montrer qu'ils sont équivalents parce qu'ils se trouvent au même endroit sur la ligne numérique.

4. Utilise ta ligne numérique pour t'aider à nommer les fractions équivalentes à $\dfrac{14}{4}$ et $\dfrac{8}{2}$. Trace la partie de la ligne numérique qui inclurait ces fractions en dessous, et étiquette-les.

    $\dfrac{14}{4} = \dfrac{7}{2}$ $\dfrac{8}{2} = \dfrac{16}{4}$

    > Je sais que ces fractions sont équivalentes car elles se trouvent au même endroit sur la ligne numérique.

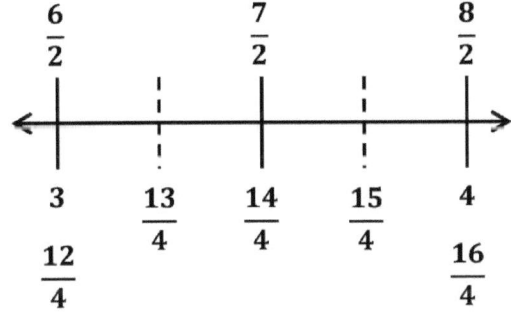

> Je peux utiliser ma ligne numérique pour compter par moitié jusqu'à $\dfrac{8}{2}$, ce qui équivaut à 4. Je peux tracer une ligne numérique montrant l'intervalle de 3 à 4 et séparer et marquer les moitiés et les quarts.

Leçon 23 : Générer des fractions équivalentes simples à l'aide de modèles de fraction visuels et la ligne numérique.

5. Écris deux noms de fractions différents pour le point sur la ligne numérique. Tu peux utiliser des moitiés, des quarts, ou des huitièmes.

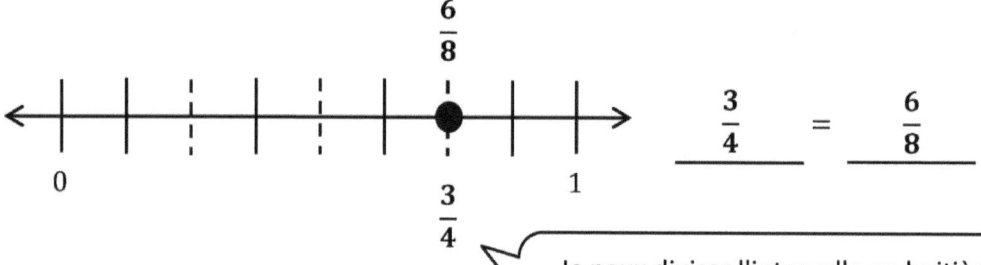

$$\frac{3}{4} = \frac{6}{8}$$

Je peux diviser l'intervalle en huitièmes. Ensuite, je peux compter par quarts et par huitièmes pour marquer le point sur la ligne numérique.

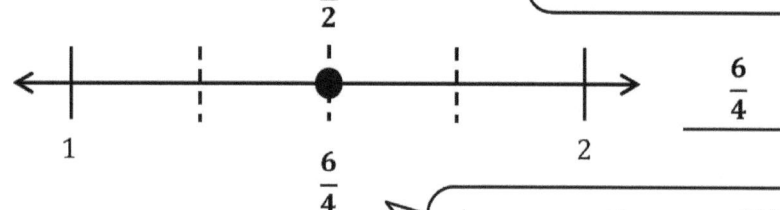

$$\frac{6}{4} = \frac{3}{2}$$

Je peux compter par moitié et par quart pour marquer le point sur la ligne numérique. Je peux commencer à compter à $\frac{2}{2}$ et $\frac{4}{4}$ parce que l'intervalle commence à 1, pas à 0.

6. Megan et Hunter ont préparé deux moules de brownies de taille égale. Megan a coupé son moule de brownies en quarts, et Hunter a coupé son moule de brownies en huitièmes. Megan mange $\frac{1}{4}$ de son moule de brownies. Si Hunter veut manger la même quantité de brownies que Megan, combien de brownies doit-il manger ? Écris la réponse sous forme de fraction. Trace une ligne numérique pour expliquer ta réponse.

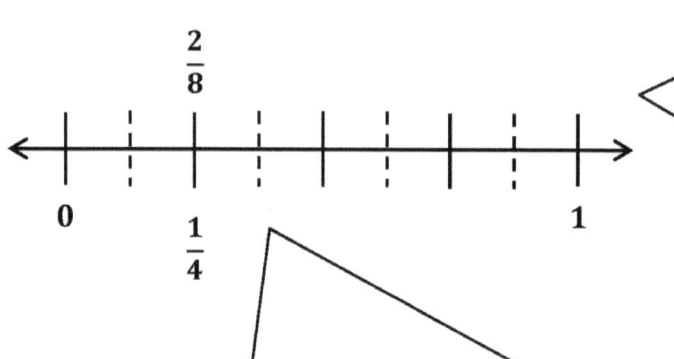

Je peux tracer une ligne numérique et la diviser en quarts et en huitièmes. Je peux compter par quarts pour trouver et marquer le point $\frac{1}{4}$. Je peux compter par huitièmes pour trouver et marquer le point qui équivaut à $\frac{1}{4}$.

Les fractions $\frac{1}{4}$ et $\frac{2}{8}$ se trouvent au même endroit sur la ligne numérique, elles sont donc équivalentes.

Hunter doit manger $\frac{2}{8}$ de ses brownies pour manger la même quantité que Megan parce que $\frac{2}{8} = \frac{1}{4}$.

Nom _____ Date _____

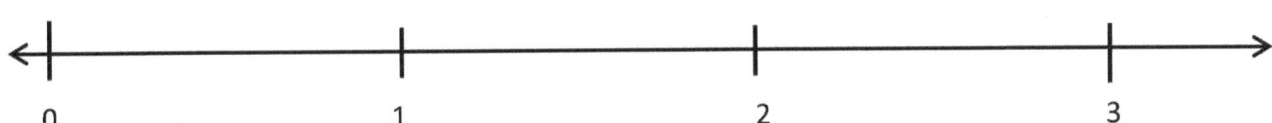

1. Sur la ligne numérique ci-dessus, utilise un crayon de couleur pour diviser chaque nombre entier en tiers et étiqueter chaque fraction au-dessus de la ligne.

2. Sur la ligne numérique ci-dessus, utilise un autre crayon de couleur pour diviser chaque nombre entier en sixièmes et étiqueter chaque fraction en dessous de la ligne.

3. Écris les fractions qui nomment le même endroit sur la ligne numérique.

4. En utilisant la ligne numérique pour t'aider, nomme la fraction équivalente à $\frac{20}{6}$. Nomme la fraction équivalente à $\frac{12}{3}$. Trace la partie de la ligne numérique qui inclurait ces fractions ci-dessous, et étiquette-les.

$$\frac{20}{6} = \frac{}{3} \qquad\qquad \frac{12}{3} = \frac{}{6}$$

Leçon 23 : Générer des fractions équivalentes simples à l'aide de modèles de fraction visuels et la ligne numérique.

5. Écris deux noms de fractions différents pour le point sur la ligne numérique. Tu peux utiliser des moitiés, des quarts, des cinquièmes, des sixièmes, des huitièmes ou des dixièmes.

_____ = _____

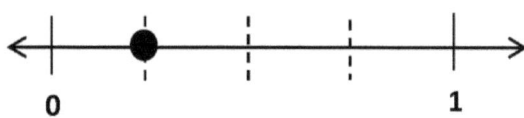

_____ = _____

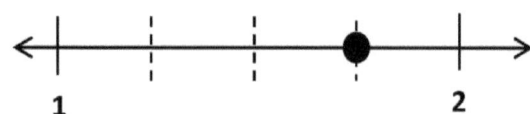

_____ = _____

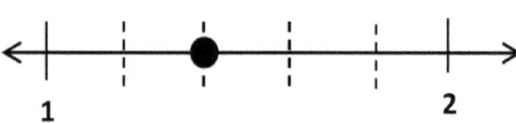

_____ = _____

6. Danielle et Mandy ont chacune commandé une grande pizza pour dîner. La pizza de Danielle était coupée en sixièmes, et la pizza de Mandy était coupée en douzièmes. Danielle a mangé 2 sixièmes de sa pizza. Si Mandy veut manger la même quantité de pizza que Danielle, combien de morceaux de pizza devra-t-elle manger ? Écris la réponse sous forme de fraction. Trace une ligne numérique pour expliquer ta réponse.

| UNE HISTOIRE D'UNITÉS | Leçon 24 Aide aux devoirs | 3•5 |

1. Complète la liaison numérique tel qu'indiqué par l'unité fractionnaire. Divise la ligne numérique en l'unité fractionnaire donnée, et étiquette les fractions. Renomme 0 et 1 comme des fractions de l'unité donnée.

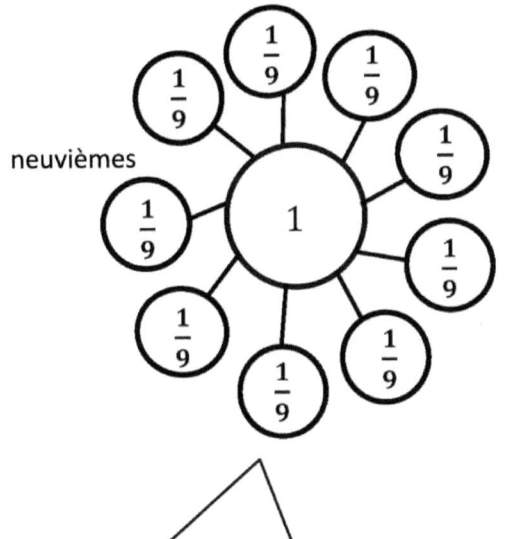

neuvièmes

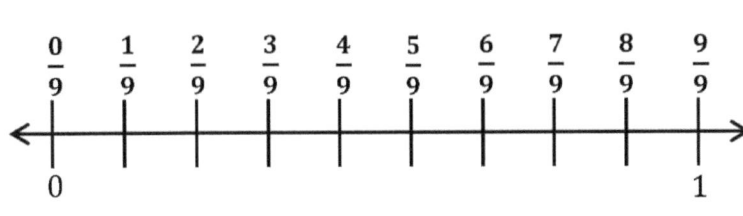

Je peux diviser la ligne numérique en neuf parties égales et compter par neuvième pour marquer les fractions.

L'unité fractionnaire, les neuvièmes, me dit que je dois faire neuf parties sur ma liaison numérique. Chaque partie est $\frac{1}{9}$ car 9 copies de $\frac{1}{9}$ font un tout.

2. Mme Smith a fait deux grandes tartes aux pommes. Elle coupe une tarte en quarts et la donne à sa fille. Elle coupe l'autre tarte en huitièmes et la donne à son fils. Son fils dit, «Ma tarte est plus grande parce qu'elle a plus de morceaux que la tienne !» A-t-il raison ? Utilise des mots, des images ou une ligne numérique pour t'aider à expliquer.

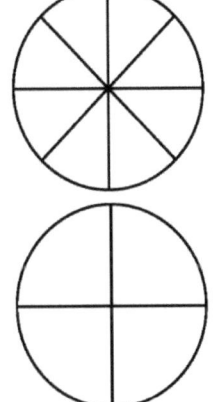

tarte du fils : huitièmes

tarte de la fille : quarts

Non, il n'a pas raison. Sa tarte a plus de morceaux, mais les morceaux sont plus petits que ceux de sa sœur. Les deux tartes sont de la même taille, donc elles ont la même quantité de tarte, même si elles ont un nombre différent de morceaux.

Je peux dessiner deux cercles de même taille pour représenter les tartes. Je peux séparer les cercles en huitièmes et en quarts.

Leçon 24 : Exprimer des nombres entiers comme des fractions et reconnaître l'équivalence avec des unités différentes.

Nom _____ Date _____

1. Complète la liaison numérique tel qu'indiqué par l'unité fractionnaire. Divise la ligne numérique en l'unité fractionnaire donnée, et étiquette les fractions. Renomme 0 et 1 comme des fractions de l'unité donnée.

Cinquièmes

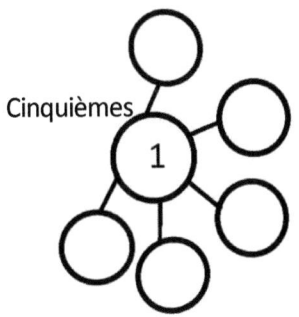
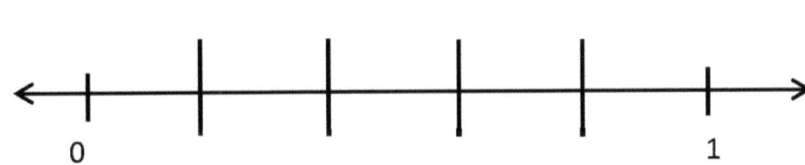

Sixièmes

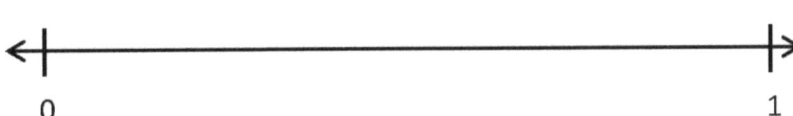

Septièmes

Huitièmes

Leçon 24 : Exprimer des nombres entiers comme des fractions et reconnaître l'équivalence avec des unités différentes.

2. Entoure toutes les fractions du Problème 1 qui sont égales à 1. Écris-les dans une phrase numérique ci-dessous.

   $\frac{5}{5}$ = _____ = _____ = _____

3. Quel schéma remarques-tu dans les fractions qui sont équivalentes à 1 ? En suivant ce schéma, comment représenterais-tu 1 entier en neuvièmes ?

4. Au cours d'art, M. Joselyn a donné à chacun un bâton de 1 pied (1 ft) à mesurer et découper. Vivian a mesuré et découpé son bâton en 5 morceaux égaux. Scott a mesuré et découpé le sien en 7 morceaux égaux. Scott a dit a Vivian, «Mon bâton est plus grand que le tien parce que j'ai 7 morceau, et tu n'en as que 5.» Scott a-t-il raison ? Utilise des mots, des images ou une ligne numérique pour t'aider à expliquer.

1. Étiquette les modèles suivants comme des fractions dans les cases.

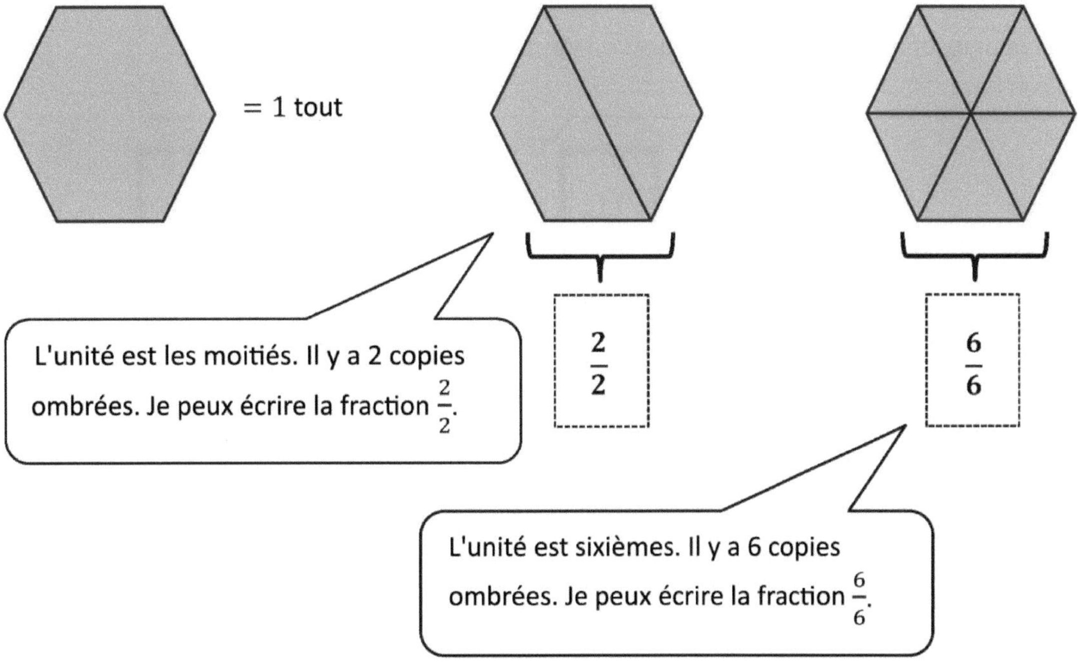

L'unité est les moitiés. Il y a 2 copies ombrées. Je peux écrire la fraction $\frac{2}{2}$.

$\frac{2}{2}$

$\frac{6}{6}$

L'unité est sixièmes. Il y a 6 copies ombrées. Je peux écrire la fraction $\frac{6}{6}$.

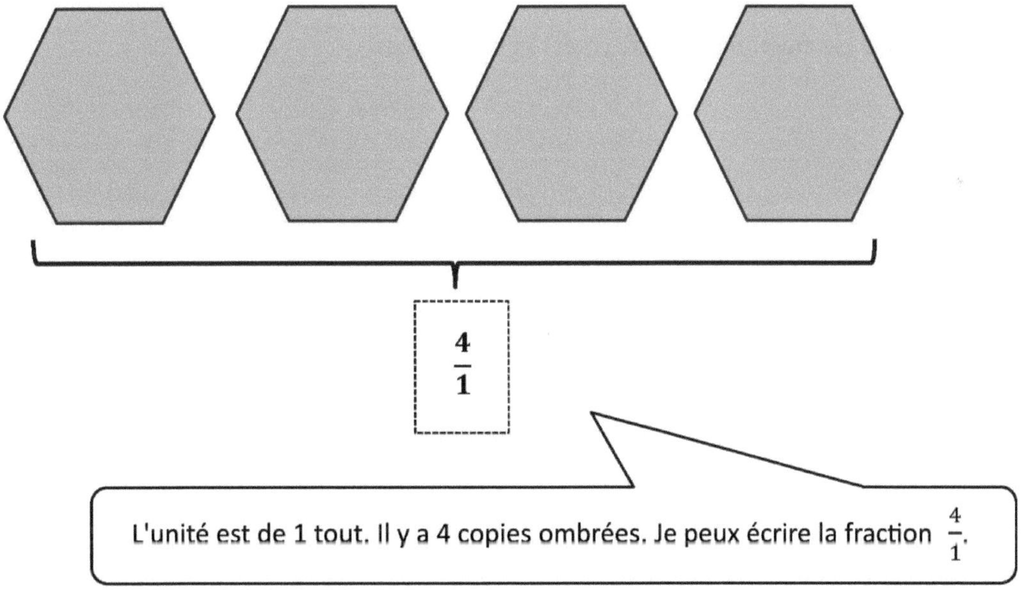

$\frac{4}{1}$

L'unité est de 1 tout. Il y a 4 copies ombrées. Je peux écrire la fraction $\frac{4}{1}$.

Leçon 25 : Exprimer des fractions de nombres entiers sur la ligne numérique quand l'intervalle d'unité est 1.

2. Remplis les nombres entiers manquants dans les cases en dessous de la ligne numérique. Utilise le schéma pour renommer les nombres entiers comme des fractions dans les cases au-dessus de la ligne numérique.

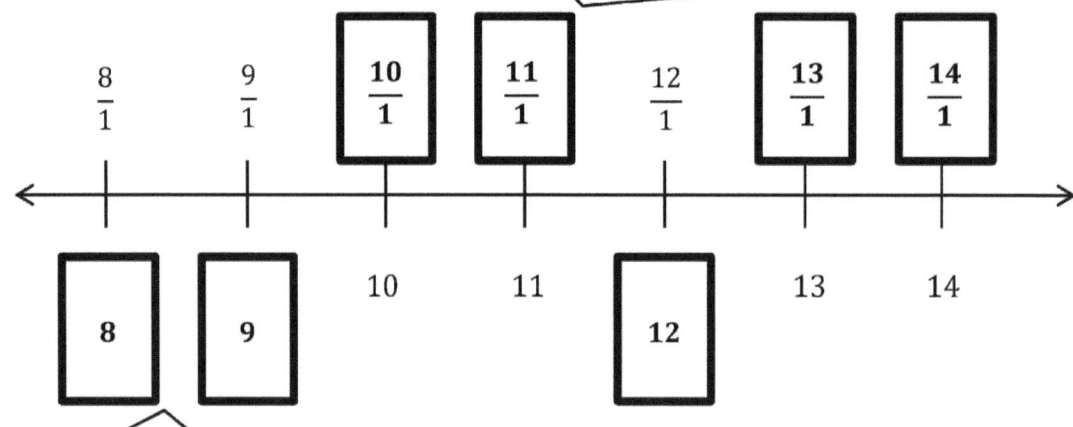

Je vois un modèle dans la façon dont les nombres entiers sont écrits sous forme de fractions. Je peux utiliser les nombres entiers en bas pour m'aider à remplir les fractions en haut. $10 = \frac{10}{1}$

Je peux utiliser les fractions du haut pour m'aider à remplir les nombres entiers du bas. $\frac{8}{1} = 8$

3. Explique la différence entre ces fractions avec des mots et des images.

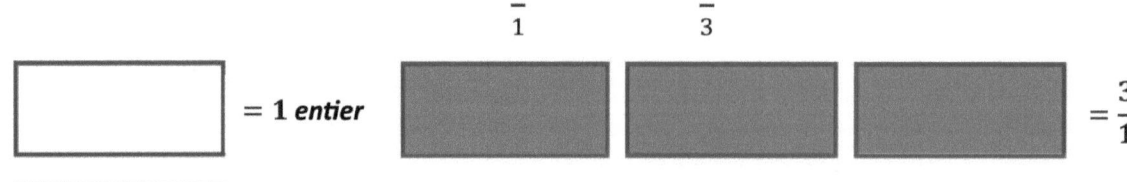

Tout dépend des unités qui sont copiées. Je peux voir que faire 3 copies d'un tout est très différent de faire 3 copies d'un tiers.

Les fractions $\frac{3}{1}$ et $\frac{3}{3}$ sont différentes parce qu'elles représentent toutes les deux 3 copies, mais les unités qui sont copiées sont différentes. La fraction $\frac{3}{1}$ est 3 copies de 1 entier, et la fraction $\frac{3}{3}$ est 3 copies de 1 tiers. 3 copies de 1 entier, ou $\frac{3}{1}$, est plus grand que 3 copies de 1 tiers, ou $\frac{3}{3}$. Mon dessin montre que $\frac{3}{1}$ est 3 entiers, et $\frac{3}{3}$ est seulement 1 entier.

Nom _____ Date _____

1. Étiquette les modèles suivants comme des fractions dans les cases.

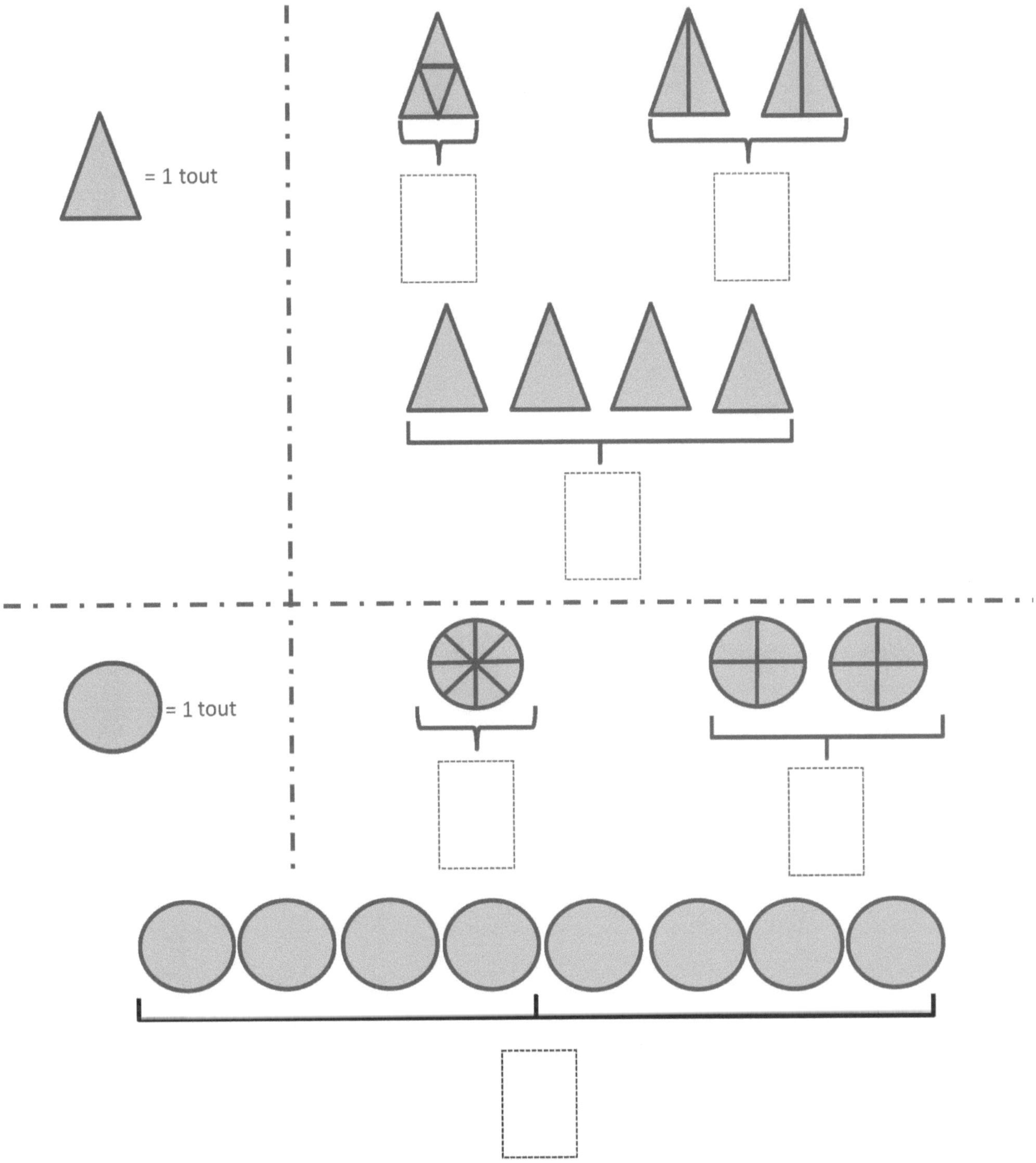

Leçon 25 : Exprimer des fractions de nombres entiers sur la ligne numérique quand l'intervalle d'unité est 1.

2. Remplis les nombres entiers manquants dans les cases en dessous de la ligne numérique. Renomme les entiers comme des fractions dans cases au-dessus de la ligne numérique.

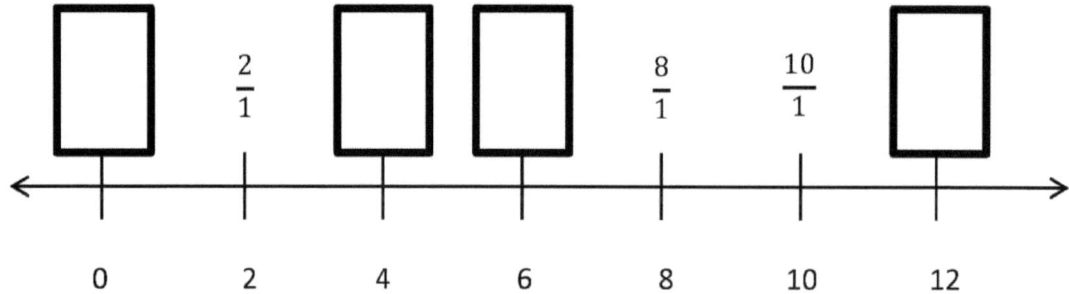

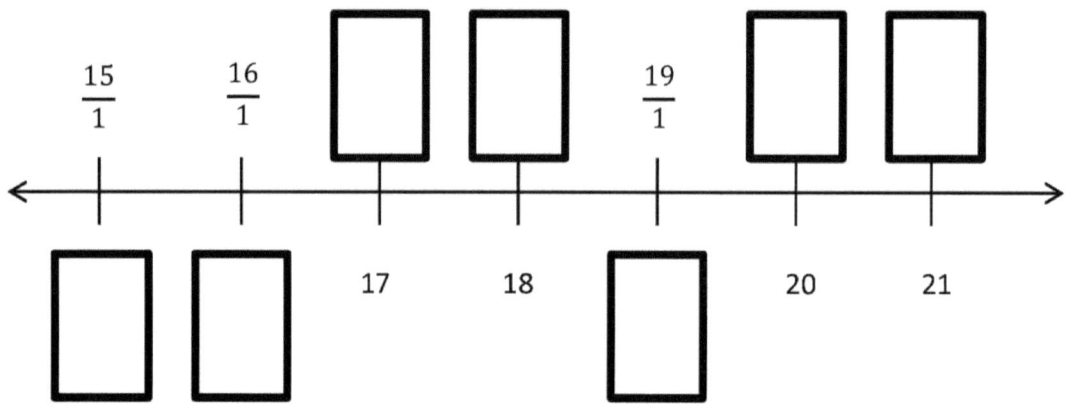

3. Explique la différence entre ces fractions avec des mots et des images.

$$\frac{5}{1} \qquad \frac{5}{5}$$

UNE HISTOIRE D'UNITÉS

Leçon 26 Aide aux devoirs 3•5

1. Divise la ligne numérique pour montrer les unités fractionnaires. Ensuite, dessine des liaisons numériques avec des copies de 1 entier pour les nombres entiers entourés.

Je peux diviser les intervalles de nombres entiers en quarts. Je peux compter par quarts pour marquer les fractions. Je dois commencer à $\frac{8}{4}$ parce que cette ligne numérique commence à 2.

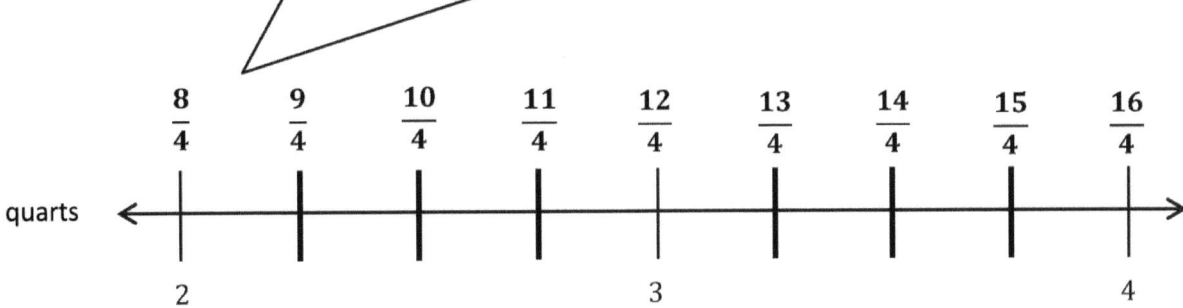

$2 = \underline{\ 8\ }$ quarts $\qquad 3 = \underline{\ 12\ }$ quarts $\qquad 4 = \underline{\ 16\ }$ quarts

$2 = \frac{8}{4}$ $\qquad\qquad 3 = \frac{12}{4}$ $\qquad\qquad 4 = \frac{16}{4}$

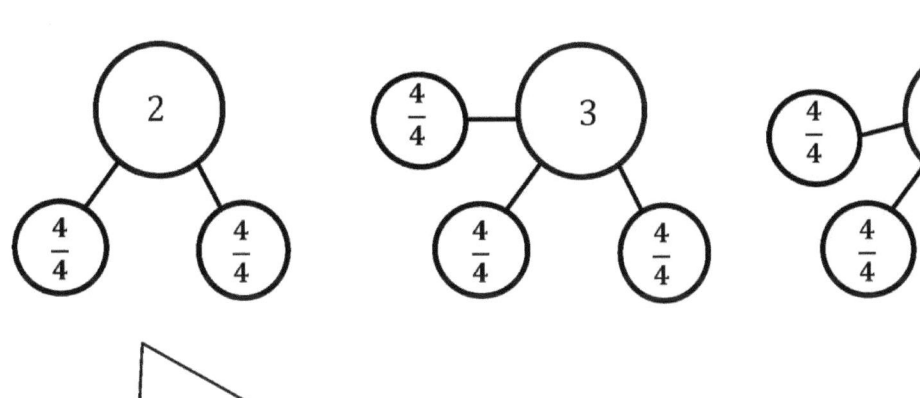

Je peux faire des copies de 1 entier pour représenter chaque nombre entier. Comme l'unité fractionnaire est constituée de quarts, un tout peut être représenté par $\frac{4}{4}$. Il faut 2 copies de $\frac{4}{4}$ pour faire le nombre entier 2.

Leçon 26 : Décomposer des fractions de nombres entiers plus grands que 1 en utilisant l'équivalence de nombre entier avec divers modèles.

2. Utilise la ligne numérique pour écrire les fractions qui nomment les nombres entiers pour chaque unité fractionnaire. Le premier a été fait pour toi.

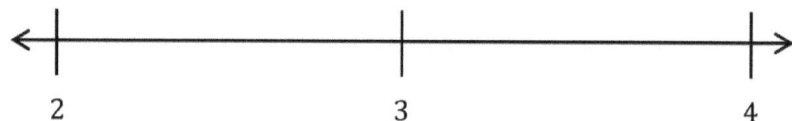

tiers	$\frac{6}{3}$	$\frac{9}{3}$	$\frac{12}{3}$
sixièmes	$\frac{12}{6}$	$\frac{18}{6}$	$\frac{24}{6}$
neuvièmes	$\frac{18}{9}$	$\frac{27}{9}$	$\frac{36}{9}$

Je sais que $\frac{12}{6} = 2$. Je peux compter par six pour trouver les autres fractions qui désignent les nombres entiers sur la ligne numérique. Je peux faire la même chose pour les neuvièmes.

3. Lundi, Monica a marché $\frac{1}{4}$ de mile. Chaque jour après cela, elle marche $\frac{1}{4}$ de mile en plus que le jour d'avant. Trace et divise une ligne numérique pour représenter jusqu'où Monica a marché lundi, mardi, mercredi et jeudi. Quelle fraction d'un mile a-t-elle parcourue jeudi ?

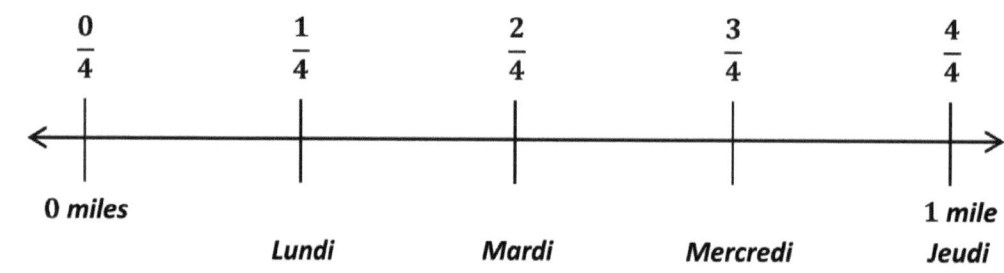

Jeudi, Monica fait $\frac{4}{4}$ de miles à pied.

Je peux tracer une ligne numérique et la diviser en quarts parce que l'unité fractionnaire est le quart et que Monica marche pendant 4 jours. Je peux voir sur ma ligne numérique que jeudi, Monica marche $\frac{4}{4}$ de miles, ce qui équivaut à 1 mile.

Nom _____ Date _____

1. Divise la ligne numérique pour montrer les unités fractionnaires. Ensuite, dessine des liaisons numériques avec des copies de 1 entier pour les nombres entiers entourés.

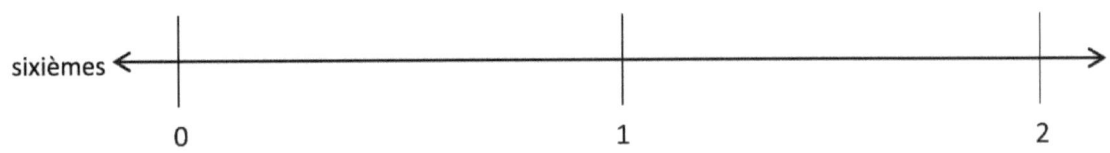

0 = _____ sixièmes   1 = _____ sixièmes   2 = _____ sixièmes

$0 = \dfrac{\square}{6}$ $1 = \dfrac{\square}{6}$ $2 = \dfrac{12}{6}$

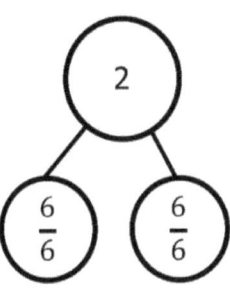

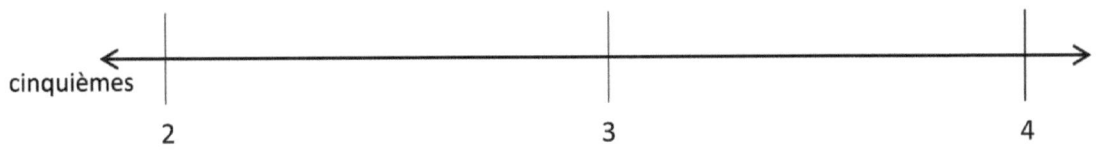

2 = _____ cinquièmes   3 = _____ cinquièmes   4 = _____ cinquièmes

$2 = \dfrac{\square}{5}$ $3 = \dfrac{\square}{5}$ $4 = \dfrac{\square}{5}$

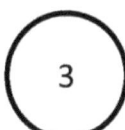   ③

Leçon 26 : Décomposer des fractions de nombres entiers plus grands que 1 en utilisant l'équivalence de nombre entier avec divers modèles.

2. Écris les fractions qui nomment les nombres entiers pour chaque unité fractionnaire. Le premier a été fait pour toi.

Tiers	$\frac{6}{3}$	$\frac{9}{3}$	$\frac{12}{3}$
Septièmes			
Huitièmes			
Dixièmes			

3. Le premier jour d'entraînement, Rider dribble le ballon sur $\frac{1}{3}$ du terrain de basketball. Chaque jour après cela, il dribble sur $\frac{1}{3}$ du terrain en plus que le jour d'avant. Trace une ligne numérique pour représenter le terrain. Divise la ligne numérique pour représenter jusqu'où Rider dribble le 1er jour d'entraînement, le 2ème jour et le 3ème jour. Sur quelle fraction du terrain dribble-t-il le 3ème jour ?

1. Utilise des images pour modéliser des fractions équivalentes. Remplis les blancs, et réponds aux questions.

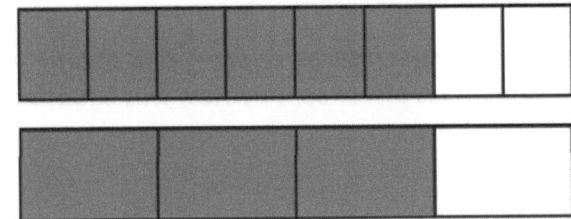

> Je peux ombrer 6 huitièmes, puis je peux ombrer des quarts jusqu'à ce que la même quantité soit ombrée dans chaque modèle. Il faut 3 quarts pour égaler 6 huitièmes.

6 huitièmes est égal à __3__ quarts.

$$\frac{6}{8} = \frac{3}{4}$$

L'entier reste le même.

Qu'arrive-t-il à la taille des parties égales quand il y a moins de parties égales ?

Quand il y a moins de parties égales, la taille de chaque partie égale devient plus grande. Des quarts sont plus grands que des huitièmes.

2. Six amis se partagent 2 crackers qui sont de la même taille. Les crackers sont représentés par les 2 rectangles ci-dessous. Le premier cracker est coupé en 3 parts égales, et le deuxième est coupé en 6 parts égales. Comment les 6 peuvent-ils se partager les crackers équitablement sans casser de morceaux ?

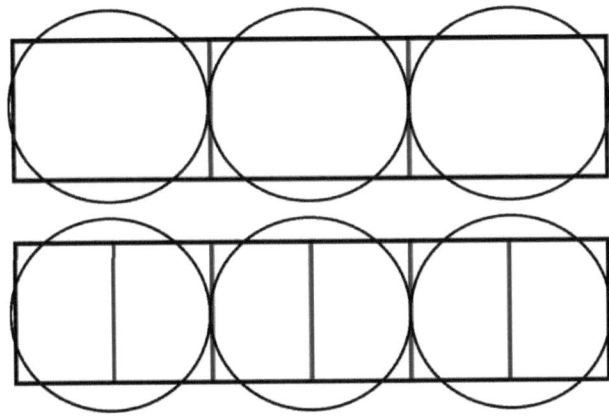

> Je peux séparer le premier cracker en tiers et le second en sixièmes. Je peux encercler 6 quantités égales pour montrer combien chaque ami reçoit.

Trois amis reçoivent chacun $\frac{1}{3}$ du premier cracker. Les autres 3 amis reçoivent chacun $\frac{2}{6}$ du deuxième cracker.

Ils reçoivent tous la même quantité parce que $\frac{1}{3} = \frac{2}{6}$.

Leçon 27 : Expliquer l'équivalence en manipulant les unités et en réfléchissant à leur taille.

3. Mme Mills coupe une pizza en 6 morceaux égaux. Ensuite, elle coupe chaque morceau en deux. Combien de morceaux plus petits a-t-elle ? Utilise des mots et des nombres pour expliquer ta réponse.

Elle a 12 plus petites tranches de pizza. Comme elle a coupé chaque tranche en deux, cela signifie qu'elle a doublé le nombre de morceaux et que 6 x 2 = 12. Plus les pièces sont petites, plus il faut de pièces pour former un tout.

> Si j'en ai besoin, je peux faire un dessin. Je peux dessiner un cercle et le diviser en sixièmes. Ensuite, je peux diviser chaque sixième en deux parties égales. Cela ferait 12 parties.

Nom _____ Date _____

1. Utilise des images pour modéliser des fractions équivalentes. Remplis les blancs, et réponds aux questions.

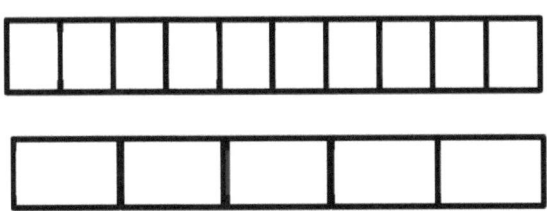

2 dixièmes est égal à _____ cinquièmes.

$$\frac{2}{10} = \frac{}{5}$$

L'entier reste le même.

Qu'est-il arrivé à la taille des parties égales quand il y avait moins de parties égales ?

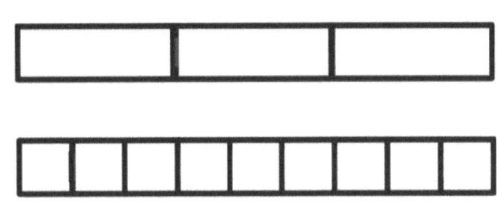

1 tiers est égal à _____ neuvièmes.

$$\frac{1}{3} = \frac{}{9}$$

L'entier reste le même.

Qu'est-il arrivé à la taille des parties égales quand il y avait plus de parties égales ?

2. 8 élèves partagent 2 pizzas qui sont de la même taille, qui sont représentées par les 2 cercles ci-dessous. Ils remarquent que la première pizza est coupée en 4 morceaux égaux, et que la deuxième est coupée en 8 morceaux égaux. Comment les 8 élèves peuvent-ils partager les pizzas équitablement sans recouper de morceau ?

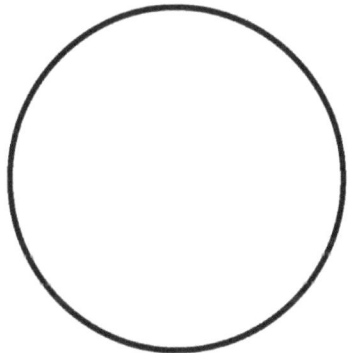 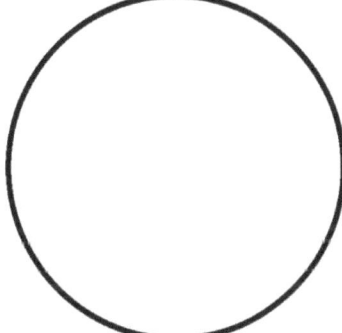

3. Quand le nombre entier est le même, pourquoi faut-il 4 copies de 1 dixième pour égaler 2 copies de 1 cinquième ? Dessine un modèle pour appuyer ta réponse.

4. Quand le nombre entier est le même, combien de huitièmes faut-il pour être égal à 1 quart ? Dessine un modèle pour appuyer ta réponse.

5. M. Pham coupe un gâteau en 8 morceaux égaux. Ensuite, il coupe chaque morceau en deux. Combien de morceaux plus petits a-t-il ? Utilise des mots et des nombres pour expliquer ta réponse.

UNE HISTOIRE D'UNITÉS

Leçon 28 Aide aux devoirs 3•5

1. Grise les modèles pour comparer les fractions.

   2 quarts

   2 huitièmes

   Laquelle est la plus grande, 2 quarts ou 2 huitièmes ? Pourquoi ? Utilise des mots pour expliquer.

   2 quarts est plus grand que 2 huitièmes parce que plus tu coupes l'entier, plus les morceaux deviennent petits. Le nombre de morceaux que j'ai grisé est le même, mais les tailles des morceaux sont différentes. Des huitièmes sont beaucoup plus petits que des quarts.

2. Après l'entraînement de baseball, Steven et Eric achètent chacun une bouteille d'eau de 1-litre. Steven boit 3 sixièmes de son eau. Eric boit 3 quarts de son eau. Qui a bu le plus d'eau ? Fais un dessin pour appuyer ta réponse.

   Steven : 3 sixièmes

   Eric : 3 quarts

   Eric boit plus d'eau.

   Je peux voir sur ma photo que 3 quarts est supérieur à 3 sixièmes. J'ai ombré le même nombre de pièces, mais les tout sont divisés en différentes unités fractionnaires. Les sixièmes sont plus petits que les quatrièmes.

   Steven et Eric achètent chacun une bouteille d'eau d'un litre, je dois donc dessiner mes deux tout exactement de la même taille. Si la taille du tout change, je ne pourrai pas comparer les deux fractions avec précision.

Leçon 28 : Comparer graphiquement des fractions avec le même numérateur.

117

Nom _____ Date _____

Grise les modèles pour comparer les fractions. Entoure la plus grande fraction pour chaque problème.

1. 1 moitié
   1 cinquième

2. 2 septièmes
   2 quarts

3. 4 cinquièmes
   4 neuvièmes

4. 5 septièmes
   5 dixièmes

5. 4 sixièmes
   4 quarts

Leçon 28 : Comparer graphiquement des fractions avec le même numérateur.

6. Saleem et Edwin utilisent des règles en pouces pour mesurer les longueurs de leurs chenilles. La chenille de Saleem mesure 3 quarts de pouce. La chenille de Edwin mesure 3 huitième de pouce. Qui a la chenille la plus longue ? Fais un dessin pour appuyer ta réponse.

7. Lily et Jasmine ont fait des gâteaux au chocolat de la même taille. Lily met $\frac{5}{10}$ de tasse de sucre dans son gâteau. Jasmine mets $\frac{5}{6}$ de tasse de sucre dans son gâteau. Qui utilise le moins de sucre ? Fais un dessin pour appuyer ta réponse.

1. Dessine ton propre modèle pour comparer les fractions suivantes. Ensuite, complète la phrase numérique en écrivant >, <, ou =.

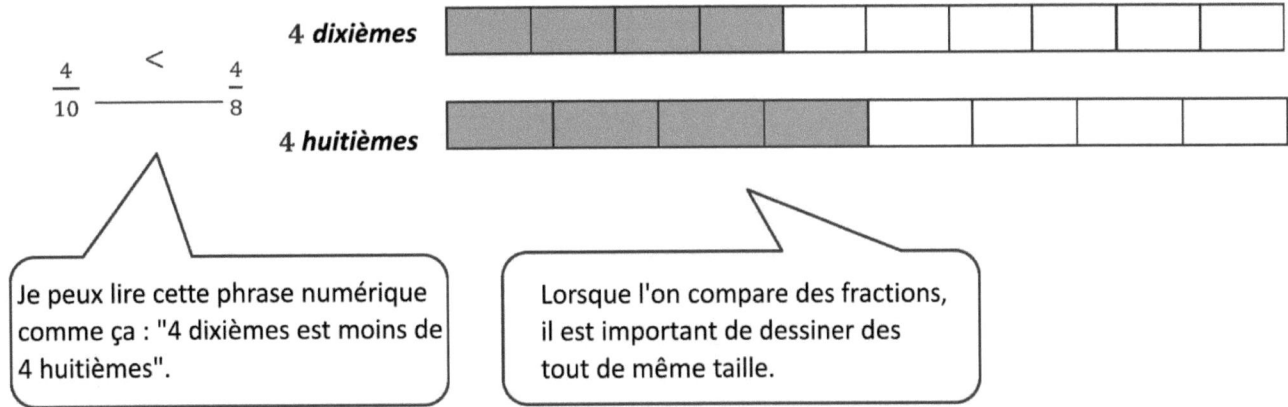

$\frac{4}{10}$ < $\frac{4}{8}$

Je peux lire cette phrase numérique comme ça : "4 dixièmes est moins de 4 huitièmes".

Lorsque l'on compare des fractions, il est important de dessiner des tout de même taille.

2. Trace 2 des lignes numériques avec comme extrémités 0 et 1 pour montrer chaque fraction au Problème 1. Utilise les lignes numériques pour expliquer comment tu sais que ta comparaison du Problème 1 est correcte.

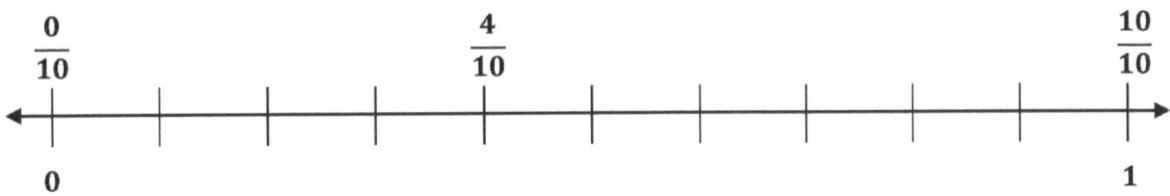

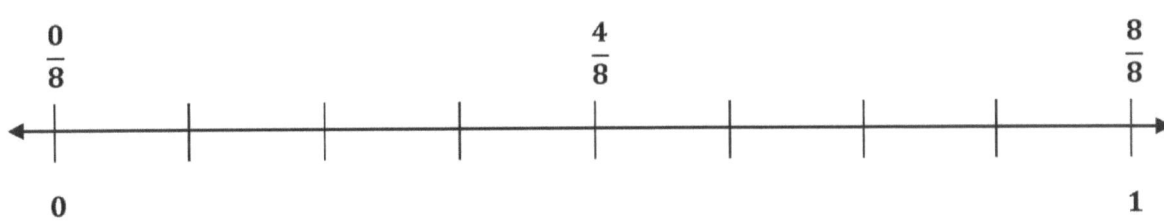

Ma réponse au problème 1 est correcte. 4 dixièmes est inférieur à 4 huitièmes parce que 4 dixièmes est plus près de 0 que 4 huitièmes sur la ligne numérique.

Je vois que les 10 dixièmes et les 8 huitièmes sont des fractions équivalentes parce qu'elles ont le même point sur la ligne numérique. Cela est également vrai pour les 0 dixièmes et les 0 huitièmes.

Leçon 29 : Comparer des fractions avec le même numérateur à l'aide de <, >, ou =, et utiliser un modèle pour réfléchir à leur taille.

Nom _____ Date _____

Étiquette chaque fraction grisée. Utilise >, < ou = pour comparer.

1.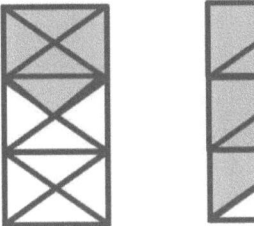

2.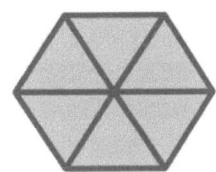

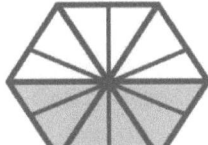

3.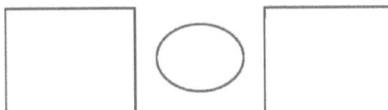

4.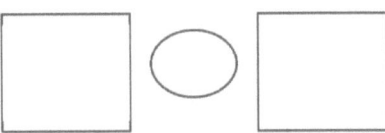

5. Divise chaque ligne numérique selon les unités indiquées à gauche. Ensuite, utilise les lignes numériques pour comparer les fractions.

tiers   ←———|————————————————————|——→
            0   1

sixièmes ←——|————————————————————|——→
            0   1

neuvièmes ←—|————————————————————|——→
            0   1

a. $\frac{2}{6}$ ◯ $\frac{2}{3}$

b. $\frac{5}{9}$ ◯ $\frac{5}{6}$

c. $\frac{?}{?}$ ◯ $\frac{3}{9}$

Leçon 29 : Comparer des fractions avec le même numérateur à l'aide de <, >, ou =, et utiliser un modèle pour réfléchir à leur taille.

Dessine tes propres modèles pour comparer les fractions suivantes.

6. $\dfrac{7}{10}$ ◯ $\dfrac{7}{8}$ 7. $\dfrac{4}{6}$ ◯ $\dfrac{4}{9}$

8. Pour un projet d'art, Michello a utilisé $\dfrac{3}{4}$ de bâton de colle. Yamin a utilisé $\dfrac{3}{6}$ d'un bâton de colle identique. Qui a utilisé le plus de colle ? Utilise le modèle ci-dessous pour appuyer ta réponse. Assure-toi d'étiqueter 1 entier comme 1 bâton de colle.

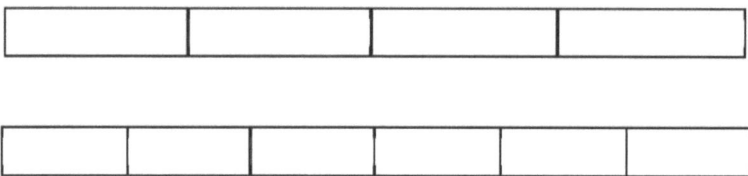

9. Après le cours de gym, Jahsir a bu 2 huitièmes de sa bouteille d'eau. Jade a bu 2 cinquièmes d'une bouteille d'eau identique. Qui a bu le moins d'eau ? Utilise le modèle ci-dessous pour appuyer ta réponse.

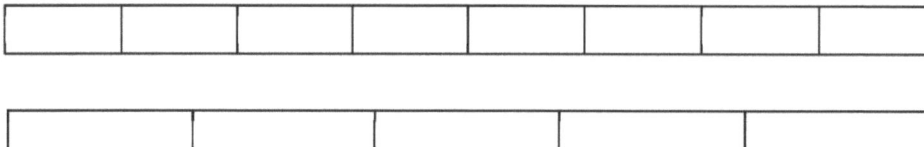

Theodore divise précisément sa bande rouge en cinquièmes en utilisant la méthode de ligne numérique ci-dessous. Décrit étape par étape comment Theodore divise sa bande en unités égales en utilisant seulement une feuille de papier et une règle.

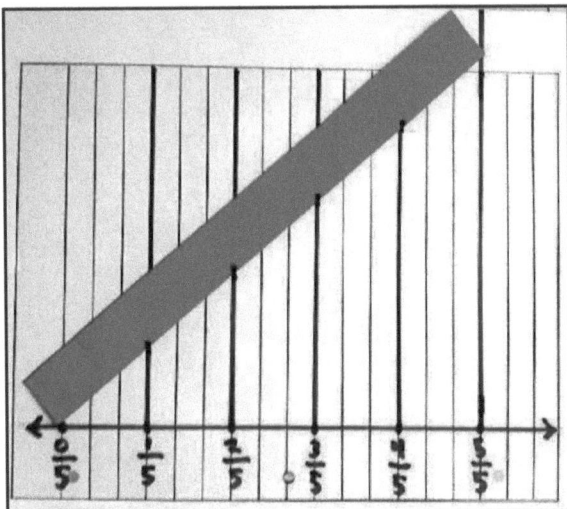

D'abord, Theodore utilise la ligne de marge du papier pour tracer une ligne numérique. Il marque ensuite les cinquièmes sur sa ligne numérique de 0 à 1. Il utilise 3 espaces pour chaque cinquième. Ensuite, à chaque cinquième, il trace des lignes verticales en partant de la ligne numérique jusqu'au haut du papier. Il prend alors sa bande rouge et l'incline de manière à ce que l'extrémité gauche touche le point 0 de la ligne numérique, et que l'extrémité droite touche la ligne à 5 cinquièmes, soit 1. Enfin, il marque sur la bande rouge l'endroit où les points verticaux la touchent. Cela crée des unités égales sur la bande rouge. Théodore peut les vérifier en les mesurant avec une règle.

> Grâce à cette méthode, je peux faire des unités fractionnaires avec précision sans règle. Si je veux séparer des bandes plus longues, comme une bande de mètres, je colle plus de papiers lignés au-dessus de la première afin de pouvoir faire un angle plus aigu avec la bande la plus longue.

Leçon 30 : Diviser des entiers divers précisément en parties égales en utilisant la méthode de la ligne numérique.

Nom _____ Date _____

Décris étape par étape l'expérience de diviser une longueur en unités égales simplement en utilisant une feuille de papier et une règle. Illustre le procédé.

Leçon 30 : Diviser des entiers divers précisément en parties égales en utilisant la méthode de la ligne numérique.

3e année

Module 6

UNE HISTOIRE D'UNITÉS   Leçon 1 Aide aux devoirs   3•6

1. Le tableau de pointage ci-dessous représente une enquête des parfums de glace préférés des élèves. Chaque marque de pointage représente 1 élève.

Parfums de glace préférées	
Parfums	Nombre d'élèves
Chocolat	++++ /
Vanille	++++
Pâte à biscuits	++++ //
Chocolat à la menthe	////

Je peux compter les points par cinq et uns pour trouver le nombre total d'élèves.

Le graphique montre un total de ___22___ élèves.

2. Utilise le tableau de pointage du Problème 1 pour compléter le graphique ci-dessous.

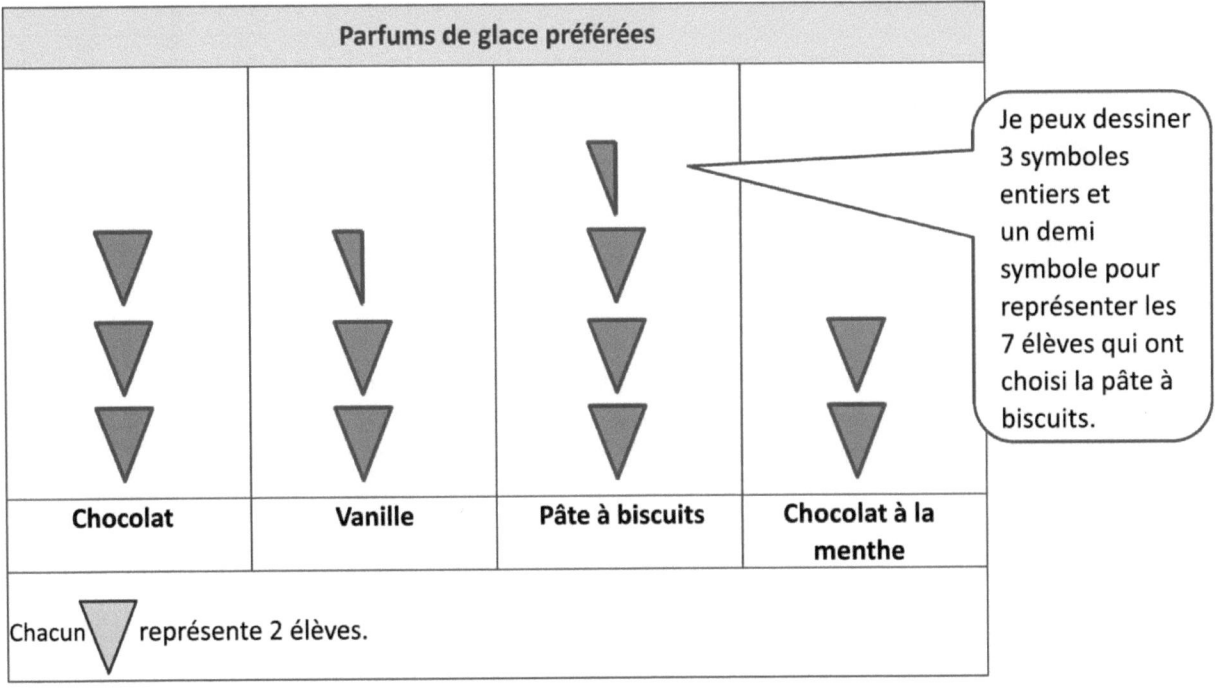

Je peux dessiner 3 symboles entiers et un demi symbole pour représenter les 7 élèves qui ont choisi la pâte à biscuits.

Je peux utiliser la légende pour me dire ce que chaque symbole représente. Comme chaque symbole représente deux élèves, je peux dessiner la moitié d'un symbole pour représenter un élève.

Leçon 1 :   Générer et organiser des données.

a. Qu'est-ce que chaque 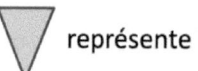 représente ?

> Je peux regarder la légende dans le graphique pour trouver cette information.

Chaque ▽ représente 2 élèves.

b. Combien d'élèves ont choisi la vanille comme parfum de glace préféré ?

Cinq élèves ont choisi la vanille comme parfum de glace préféré.

> Je peux regarder le graphique ou le tableau de pointage pour savoir combien d'élèves ont choisi la vanille. Le graphique montre 2 symboles entiers et un demi symbole, ce qui fait 5 élèves.

c. Combien d'élèves en plus ont choisi pâte à biscuits que menthe-pépites de chocolat comme leur parfum de glace préféré ?

$7 - 4 = 3$

Trois autres élèves ont choisi pâte à biscuits plutôt que pépites de chocolat à la menthe.

> Je peux trouver le total pour chaque saveur et le soustraire pour trouver la différence.

d. Combien d'élèves  représente-t-il ? Écris une phrase numérique pour montrer comment tu le sais.

$3 \times 2 = 6$

$6 + 1 = 7$

Cela représente 7 élèves.

> Je peux multiplier 3x2 car il y a 3 symboles entiers, et chaque symbole représente 2 élèves. Ensuite, je peux en ajouter un autre car il y a un demi symbole, qui représente un élève.

e. Combien de ▽ as-tu dessiné en plus pour le chocolat que pour menthe-pépites de chocolat ? Écris une phrase numérique pour montrer combien d'élèves en plus ont choisi le chocolat que menthe- pépites de chocolat.

$6 - 4 = 2$

J'ai dessiné 1 symbole de plus pour le chocolat que pour pépites de chocolat à la menthe.

> Je peux soustraire pour trouver la différence entre le nombre d'élèves qui ont choisi chaque parfum. La différence est de 2 élèves. Puisque chaque symbole représente deux élèves, cela signifie que j'ai dessiné un symbole de plus pour le chocolat que pour les pépites de chocolat à la menthe. J'ai également pu trouver la réponse en regardant le tableau et en reconnaissant que 3 symboles pour le chocolat, c'est 1 de plus que les 2 symboles que j'ai dessinés pour les pépites de chocolat à la menthe.

Leçon 1 : Générer et organiser des données.

UNE HISTOIRE D'UNITÉS   Leçon 1 Devoirs 3•6

Nom _____   Date _____

1. Le tableau de pointage ci-dessous montre une enquête des animaux de compagnie préférés des élèves. Chaque marque de pointage représente 1 élève.

Animaux de compagnie préférés	
Animaux de compagnie	**Nombre d'animaux de compagnie**
Chats	//// /
Tortues	////
Poissons	//
Chiens	//// ///
Lézards	//

Le tableau ci-dessous montre un total de _____ élèves.

2. Utilise le tableau de pointage du Problème 1 pour compléter le graphique ci-dessous. Le premier a été fait pour toi.

Animaux de compagnie préférés				
○○○○○○				
Chats	Tortues	Poissons	Chiens	Lézards

Chaque ○ représente 1 élève.

a. Le même nombre d'élèves a choisi _____ et _____ comme animal de compagnie préféré.

b. Combien d'élève ont choisi le chien comme animal de compagnie préféré ?

c. Combien d'élèves en plus ont choisi le chat que la tortue comme animal de compagnie préféré ?

Leçon 1 :   Générer et organiser des données.

UNE HISTOIRE D'UNITÉS — Leçon 1 Devoirs 3•6

3. Utilise le tableau de pointage du Problème 1 pour compléter le graphique ci-dessous.

Animaux de compagnie préférés				
Chats	Tortues	Poissons	Chiens	Lézards

Chaque ☐ représente 2 élèves.

a. Que représente chaque ☐ ?

b. Combien d'élèves ☐☐☐☐ représente-t-il ? Écris une phrase numérique pour montrer comment tu le sais.

c. Combien de ☐ en plus as-tu dessiné pour les chiens que pour les poissons ? Écris une phrase numérique pour montrer combien d'élèves en plus ont choisi les chiens par rapport aux poissons.

UNE HISTOIRE D'UNITÉS • Leçon 2 Aide aux devoirs • 3•6

1. Lenny fait un sondage auprès des élèves de CE2 pour savoir quelles sont leurs activités préférées à la récréation. Les résultats se trouvent dan le tableau ci-dessous.

Activités préférées à la récré	
Activité à la récré	Nombre de votes des élèves
Balançoire	6
Touche-touche	10
Basketball	14
Kickball	8

Dessine des unités de 2 pour compléter les diagrammes en bande afin de montrer le total des votes pour chaque activité à la récréation. Le premier a été fait pour toi.

Balançoire : | 2 | 2 | 2 |

Touche-touche : | 2 | 2 | 2 | 2 | 2 |

Basketball : | 2 | 2 | 2 | 2 | 2 | 2 | 2 |

Kickball : | 2 | 2 | 2 | 2 |

> Je peux faire de mon mieux pour dessiner toutes mes unités de la même taille car elles représentent toutes la même chose, 2 élèves. Je peux aussi m'assurer d'aligner chaque diagramme à bandes avec celui du dessus.

> Lorsque je fais mes unités de la même taille et que j'aligne mes diagrammes à bandes, il est facile de comparer le nombre de votes pour chaque activité. Je peux facilement voir que la plupart des élèves de troisième année ont choisi le basket-ball comme activité de récréation préférée.

Leçon 2 : Tourner les diagrammes en bande à la verticale.

2. Complète les diagrammes en bande verticaux ci-dessous à l'aide des données du Problème 1.

a.

> Je peux faire pivoter mes diagrammes à bandes à partir du problème 1 pour créer des diagrammes à bandes verticales. Je dois encore m'assurer que mes unités sont de la même taille et que les diagrammes à bandes sont alignés les uns par rapport aux autres.

Balançoire — Touche-touche — Basketball — Kickball

b. Quel serait un bon titre pour les diagrammes en bande verticaux ?

Un bon titre pour les diagrammes à bandes verticales est Activités de Récréation Favorites.

> Je peux utiliser le titre du tableau du problème 1 comme titre pour les diagrammes à bandes verticales car ils montrent tous les deux les mêmes informations, mais de manière différente.

c. Écris une phrase de multiplication pour montrer le nombre total de votes pour le basketball.

$7 \times 2 = 14$

> Il y a 7 unités de 2 pour le basket-ball, je peux donc représenter le total avec la phrase de multiplication 7 x 2 = 14.

d. Si les diagrammes en bande du Problème 1 avaient été faits avec des unités de 1, comment cela changerait-il ta phrase de multiplication du Problème 2(c) ?

Si mes diagrammes à bandes étaient faits avec des unités de 1 au lieu de 2, la phrase de multiplication pour le problème 2(c) serait 14 x 1 = 14 parce qu'il y aurait 14 unités de 1.

> Comme la valeur de chaque unité est inférieure, il me faut un plus grand nombre d'unités pour représenter le même total.

Nom _____ Date _____

1. Adi fait un sondage auprès des élèves de 3e année pour connaître leurs fruits préférés. Les résultats se trouvent dan le tableau ci-dessous.

Fruits préférés des élèves de 3e année	
Fruit	Nombre de votes des élèves
Banane	8
Pomme	16
Fraise	12
Pêche	4

Dessine des unités de 2 pour compléter les diagrammes en bande afin de montrer le total des votes pour chaque fruit. Le premier a été fait pour toi.

Banane : | 2 | 2 | 2 | 2 |

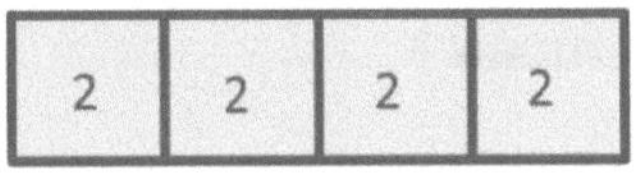

Pomme :

Fraise :

Pêche :

2. Explique comment tu peux créer des diagrammes en bandes verticaux pour montrer ces données.

3. Complète les diagrammes en bande verticaux ci-dessous à l'aide des données du Problème 1.

a.

Banane   Pomme   Fraise   Pêche

b.

Banane   Pomme   Fraise   Pêche

c. Quel serait un bon titre pour les diagrammes en bande verticaux ?

d. Comparer le nombre d'unités utilisées dans les diagrammes en bande verticaux aux Problèmes 3(a) et 3(b). Pourquoi le nombre d'unités change-t-il ?

e. Écris une phrase numérique de multiplication pour montrer le nombre total de votes pour les fraises dans le diagramme en bande vertical du Problème 3(a).

f. Écris une phrase numérique de multiplication pour montrer le nombre total de votes pour les fraises dans le diagramme en bande vertical du Problème 3(b).

g. Qu'est ce qui change dans tes phrases numériques de multiplication des Problèmes 3(e) et 3(f) ? Pourquoi ?

| UNE HISTOIRE D'UNITÉS | Leçon 3 Aide aux devoirs | 3•6 |

1. Ce tableau montre les saisons préférées des élèves de 3e année.

Saisons préférées	
Saison	Nombre de votes des élèves
Automne	16
Hiver	10
Printemps	13
Été	?

Utilise le tableau pour colorier le graphique à barres.

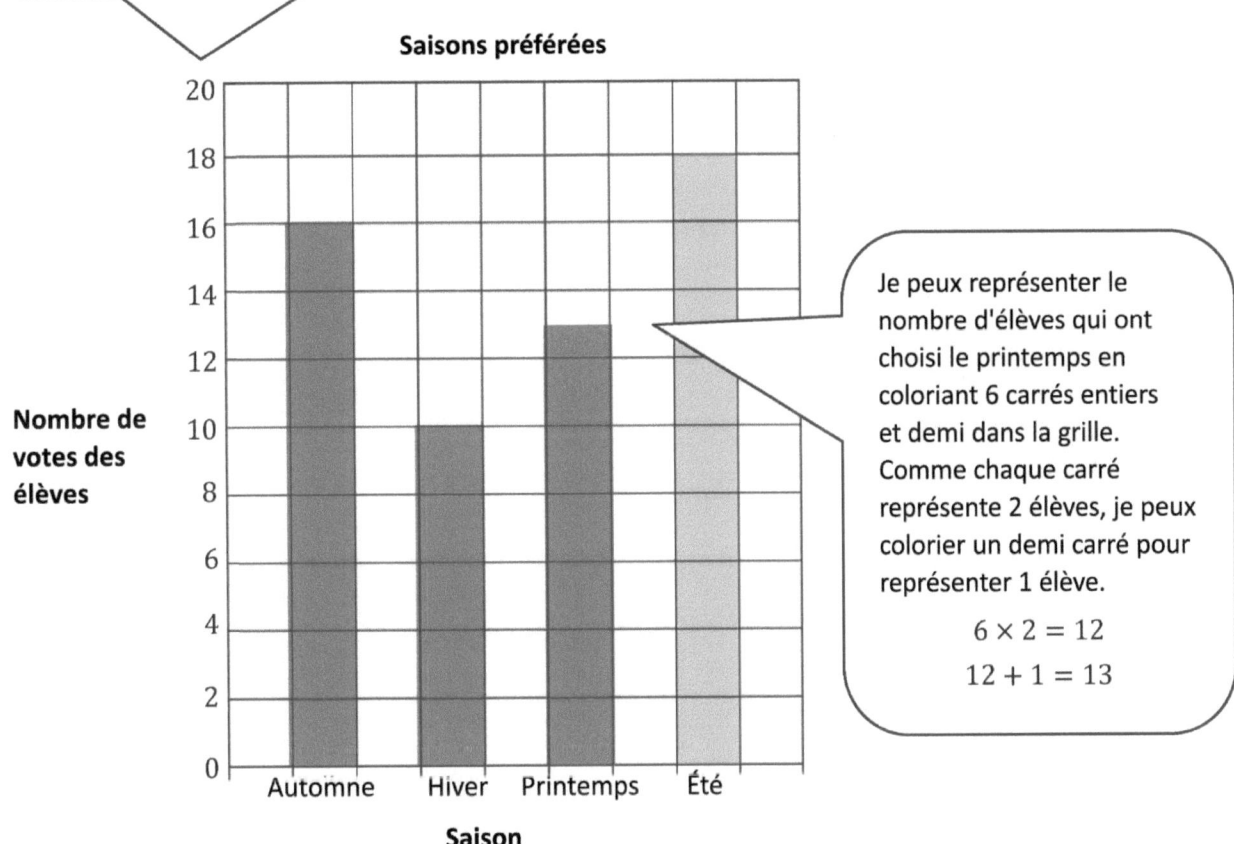

Leçon 3 : Créer des graphiques à barres à l'échelle.

a. Combien d'élèves ont voté pour l'été ?

18 élèves ont voté pour l'été.

> Je peux compter par deux sur le graphique à barres pour savoir combien d'élèves ont voté pour l'été.

b. Combien d'élèves en plus ont voté pour l'automne que pour le printemps ? Écris une phrase numérique pour montrer ton raisonnement.

$16 - 13 = 3$

> Je peux soustraire le nombre des élèves qui ont voté pour le printemps du nombre des élèves qui ont voté pour l'automne.

3 élèves de plus ont voté pour l'automne que pour le printemps.

c. Quelle combinaison de saisons reçoit le plus de votes, l'automne et l'hiver ensemble ou le printemps et l'été ensemble ? Montre ton travail.

Automne et hiver : $16 + 10 = 26$

Printemps et été : $13 + 18 = 31$

La combinaison du printemps et de l'été recueille plus de voix que l'automne et l'hiver réunis.

> Afin de savoir combien des élèves ont voté pour ces deux saisons, je peux ajouter les votes pour l'automne et l'hiver. Ensuite, je peux faire la même chose pour le printemps et l'été. Je peux comparer les totaux pour savoir quelle combinaison de saisons obtient le plus de voix.

d. Combien d'élèves de 3e année ont voté en tout ? Montre ton travail.

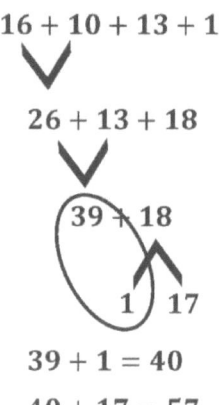

$16 + 10 + 13 + 18$

$26 + 13 + 18$

$39 + 18$

$1 \quad 17$

$39 + 1 = 40$

$40 + 17 = 57$

> Je peux additionner les votes des 4 saisons pour trouver le nombre total d'élèves de troisième année qui ont voté. Ou alors, je peux additionner les totaux de l'automne et de l'hiver et du printemps et de l'été du problème 1(c).
> $26 + 31 = 57$
> Dans les deux cas, j'obtiens la même réponse !

57 élèves de 3e année ont voté en tout.

UNE HISTOIRE D'UNITÉS

Leçon 3 Devoirs 3•6

Nom _____ Date _____

1. Ce tableau montre les matières préférées des élèves de 3e année de l'école Cayuga Elementary.

Matières préférées	
Matière	Nombre de votes des élèves
Math	18
Anglais	13
Histoire	17
Sciences	?

Utilise le tableau pour colorier le graphique à barres.

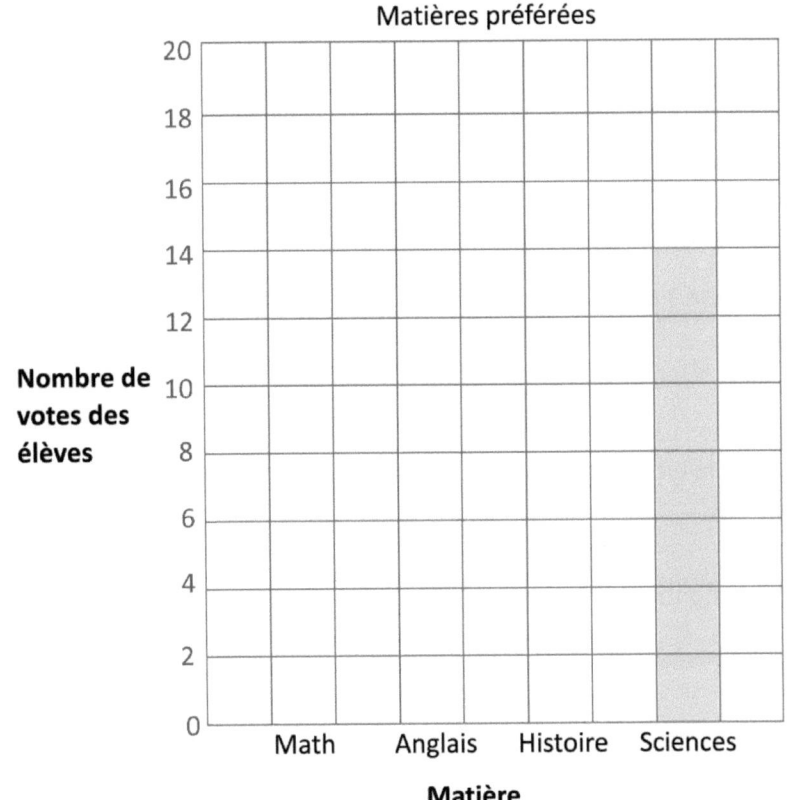

a. Combien d'élèves ont voté pour les sciences ?

b. Combien d'élèves en plus ont voté pour les maths que pour les sciences ? Écris une phrase numérique pour montrer ton raisonnement.

c. Lequel a eu le plus de votes, math et anglais ensemble ou histoire et sciences ensemble ? Montre ton travail.

Leçon 3 : Créer des graphiques à barres à l'échelle.

2. Ce graphique à barres montre le nombre de litres d'eau que Skyler utilise ce mois-ci.

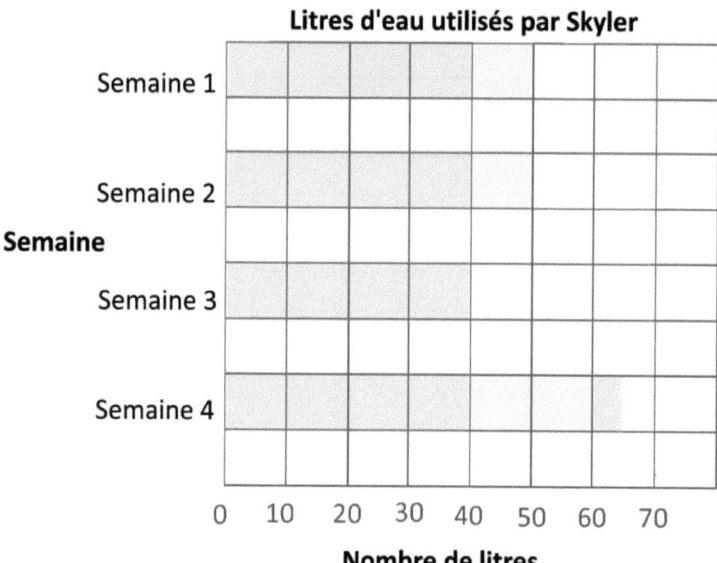

a. Pendant quelle semaine Skyler utilise-t-elle le plus d'eau ? _____
   Le moins ? _____

b. Combien de litres Skyler utilise-t-elle en plus pendant la semaine 4 que pendant la semaine 2 ?

c. Écris une phrase numérique pour montrer combien de litres de d'eau Skyler utilise pendant les semaines 2 et 3 combinées.

d. Combien de litres d'eau Skyler utilise-t-elle au total ?

e. Si Skyler utilise 60 litres lors de chacune des 4 semaines le mois prochain, utilisera-t-elle plus ou moins d'eau que ce mois-ci ? Montre ton travail.

3. Complète le tableau ci-dessous pour montrer les données affichées dans le graphique à barres du Problème 2.

Litres d'eau utilisés par Skyler	
Semaine	Litres d'eau

Leçon 3 : Créer des graphiques à barres à l'échelle.

1. Le fermier Brown récolte les données ci-dessous à propos des vaches de sa ferme.

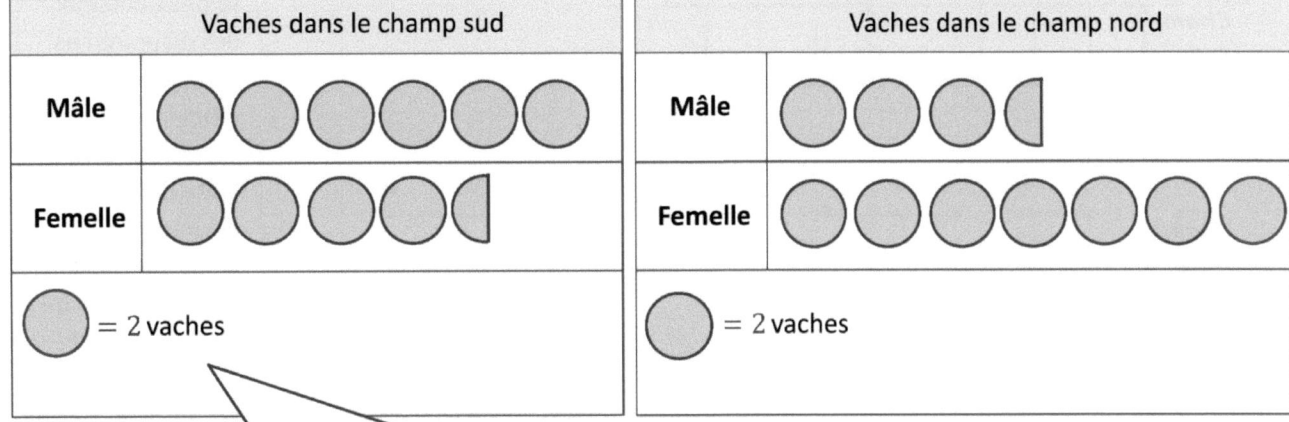

La légende me dit que chaque cercle représente deux vaches. Cela signifie qu'un demi-cercle représente une vache.

a. Combien de vaches mâles le fermier Brown a-t-il en moins que de vaches femelles ?

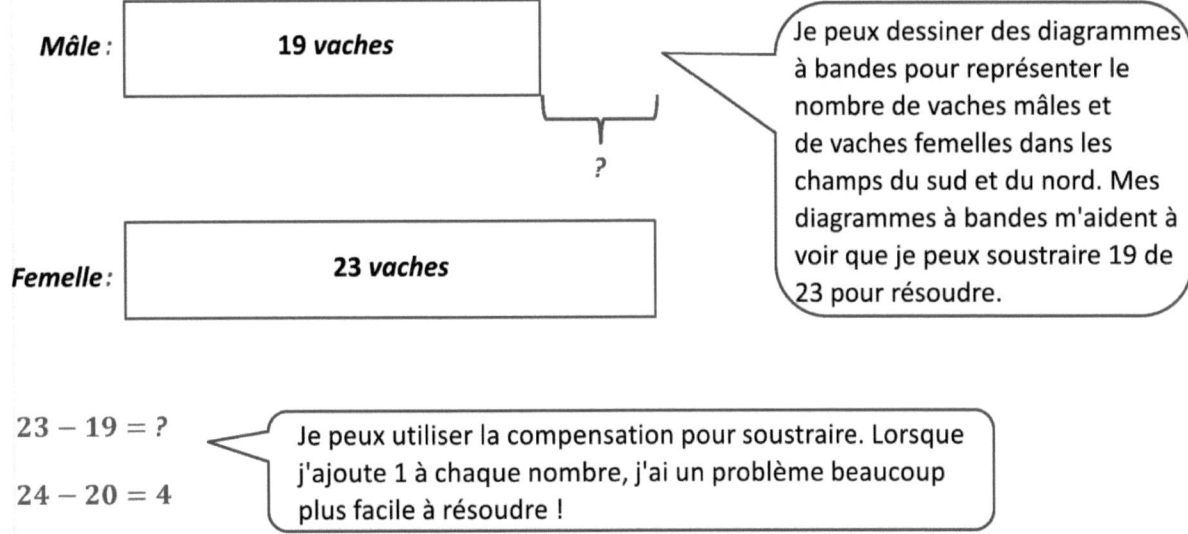

Je peux dessiner des diagrammes à bandes pour représenter le nombre de vaches mâles et de vaches femelles dans les champs du sud et du nord. Mes diagrammes à bandes m'aident à voir que je peux soustraire 19 de 23 pour résoudre.

$23 - 19 = ?$

$24 - 20 = 4$

Je peux utiliser la compensation pour soustraire. Lorsque j'ajoute 1 à chaque nombre, j'ai un problème beaucoup plus facile à résoudre !

Le fermier Brown a 4 vaches mâles en moins que de vaches femelles.

b. Il faut 10 minutes au fermier Brown pour traire chaque vache femelle. Combien de minutes passe-t-il à traire toutes les vaches femelles ?

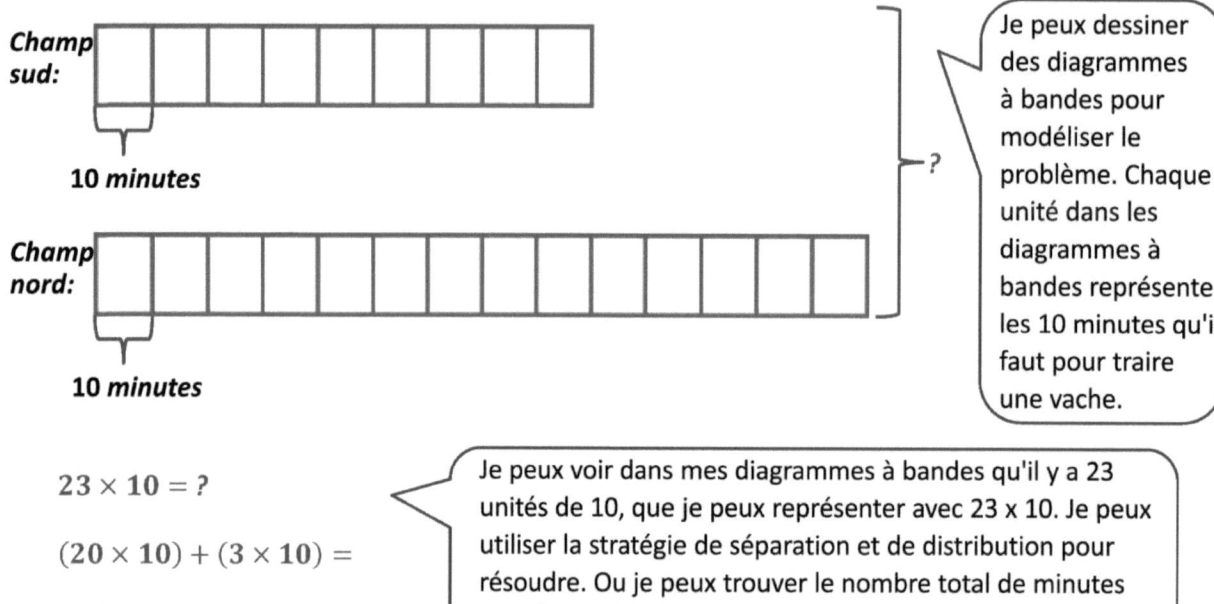

$23 \times 10 = ?$

$(20 \times 10) + (3 \times 10) =$

$200 + 30 = 230$

Je peux voir dans mes diagrammes à bandes qu'il y a 23 unités de 10, que je peux représenter avec 23 x 10. Je peux utiliser la stratégie de séparation et de distribution pour résoudre. Ou je peux trouver le nombre total de minutes pour les vaches dans chaque champ et ensuite additionner.

Le fermier Brown passe 230 minutes à traire toutes les vaches femelles.

c. La grange du fermier Brown a 6 rangées de box avec 8 box dans chaque rangée. Combien de box vides y aura-t-il quand toutes les vaches seront rentrées dans la grange ?

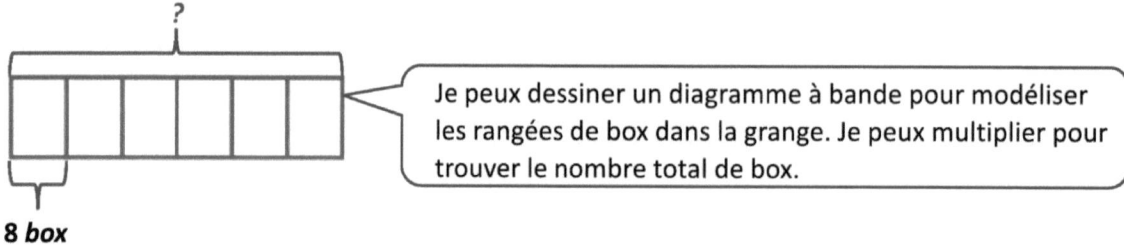

Je peux dessiner un diagramme à bande pour modéliser les rangées de box dans la grange. Je peux multiplier pour trouver le nombre total de box.

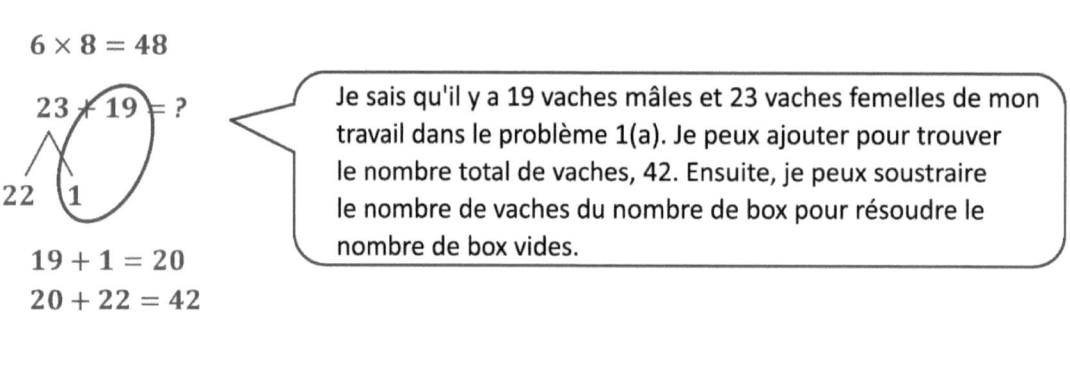

Je sais qu'il y a 19 vaches mâles et 23 vaches femelles de mon travail dans le problème 1(a). Je peux ajouter pour trouver le nombre total de vaches, 42. Ensuite, je peux soustraire le nombre de vaches du nombre de box pour résoudre le nombre de box vides.

$48 - 42 = 6$ *Il y a 6 box vides lorsque toutes les vaches sont dans la grange.*

Nom _____ Date _____

1. Maria compte les pièces dans sa tirelire et note les résultats dans le tableau de pointage ci-dessous. Utilise les marques de pointage pour trouver le nombre total de chaque pièce.

Pièces dans la tirelire de Maria		
Pièce	Pointage	Nombre de pièces
Penny	₩₩ ₩₩ ₩₩ ₩₩ ₩₩ ₩₩ ₩₩ ₩₩ ₩₩ ₩₩ ₩₩ ₩₩ ₩₩ ///	
Nickel	₩₩ ₩₩ ₩₩ ₩₩ ₩₩ ₩₩ ₩₩ ₩₩ ₩₩ ₩₩ ₩₩ ₩₩ //	
Dime	₩₩ ₩₩ ₩₩ ₩₩ ₩₩ ₩₩ ₩₩ ₩₩ ₩₩ ₩₩ ₩₩ //	
Quarter	₩₩ ₩₩ ₩₩ ₩₩ ////	

a. Utilise le tableau de pointage pour compléter le graphique à barres ci-dessous. L'échelle est donnée.

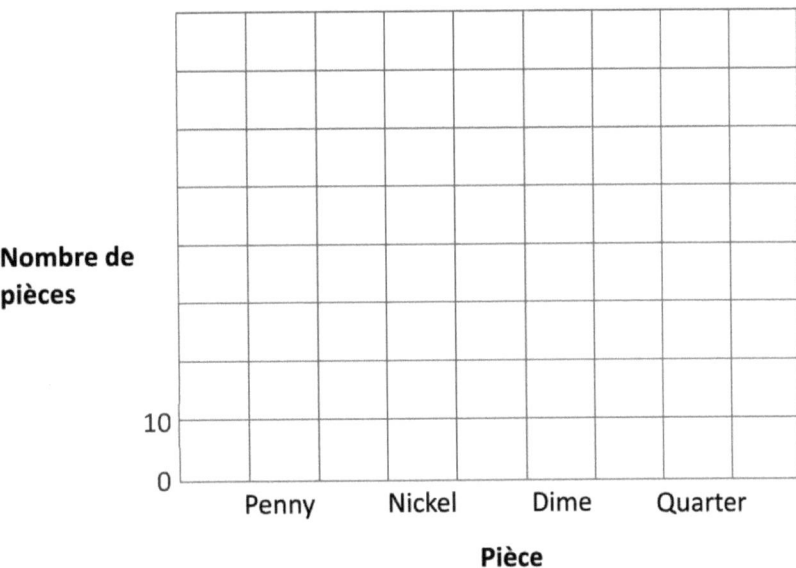

b. Combien de pennies y a-t-il en plus que de dimes ?

c. Maria a fait don de dix pièces de chaque type à une œuvre de charité. Combien de pièces lui reste-t-il au total ? Montre ton travail.

2. La classe de Mlle Hollmann va en excursion au planétarium avec la classe de M. Fiore. Le nombre d'élèves dans chaque classe est indiqué sur les graphiques ci-dessous.

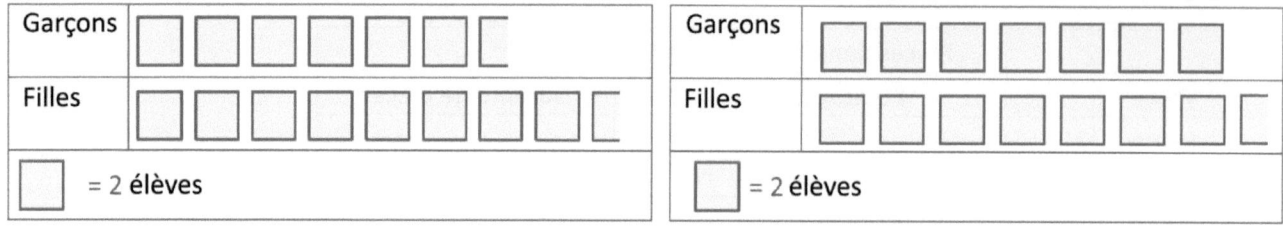

a. Combien de garçon y a-t-il en moins que de filles pour l'excursion ?

b. La participation à l'excursion coûte 2 $ par élève. Combien cela coûte-t-il pour tous les élèves d'y participer ?

c. La cafeteria du planétarium a 9 tables avec 8 chaises à chaque table. En comptant les élèves et les enseignants, combien de chaises vides restera-t-il quand les 2 classes mangeront leur déjeuner ?

| UNE HISTOIRE D'UNITÉS | Leçon 5 Aide aux devoirs | 3•6 |

1. Samantha mesure 3 pastelles au pouce (inch) près, $\frac{1}{2}$ pouce (in), et $\frac{1}{4}$ pouce (in). Elle note les mesures dans le tableau ci-dessous.

Pastelle (couleur)	Mesurée au pouce (in) près	Mesurée au $\frac{1}{2}$ pouce (in) près	Mesurée au $\frac{1}{4}$ pouce (in) près
Orange	4	$4\frac{1}{2}$	$4\frac{3}{4}$
Rose	2	$2\frac{1}{2}$	$2\frac{1}{2}$
Bleu	6	6	$5\frac{3}{4}$

a. Quelle pastelle est la plus longue ? _____bleue_____

Il mesure _____$5\frac{3}{4}$_____ pouces.

> Le crayon bleu a été mesuré 3 fois, mais la mesure la plus précise est de $5\frac{3}{4}$ pouces.

b. Regarde attentivement les données de Samantha. Quelle pastelle doit probablement être mesurée de nouveau ? Explique comment tu le sais.

Le crayon orange a probablement besoin d'être mesuré à nouveau. Samantha a noté 4 pouces comme la mesure au pouce près et $4\frac{3}{4}$ pouces comme la mesure au $\frac{1}{4}$ de pouce près.

Ces mesures n'ont aucun sens. Si le crayon mesure vraiment près de $4\frac{3}{4}$ pouces, alors la mesure au pouce près serait de 5 pouces, et non de 4 pouces.

> $4\frac{3}{4}$ pouces n'est qu'à $\frac{1}{4}$ de pouce de 5 pouces. Il n'est pas logique que le même crayon ait des dimensions de $\frac{3}{4}$ pouces et 4 pouces.

Leçon 5 : Créer une règle avec des intervalles de 1 pouce, ½ pouce, et ¼ de pouce, et générer des données de mesure.

2. Evelyn marque une bande de papier de 3 pouces (3 in) en parties égales tel qu'illustré ci-dessous.

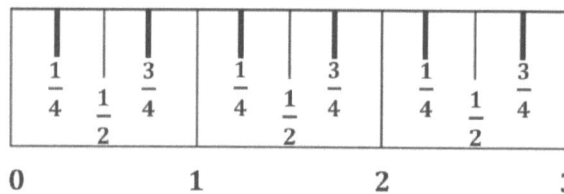

Je peux commencer par le bord de la bande de papier et la marquer de 0 pouce. Ensuite, je peux marquer le reste des pouces entiers. Je peux mettre une marque à mi-chemin entre chaque pouce entier comme $\frac{1}{2}$ pouce.

a. Étiquette les pouces (in) entiers et les demis-pouces (in) sur la bande de papier.

b. Fais une estimation pour dessiner les marques de $\frac{1}{4}$ de pouce (in) sur la feuille de papier. Ensuite, remplis les blancs ci-dessous.

2 pouces sont égaux à __4__ demi-pouces.

2 pouces sont égaux à __8__ quarts de pouce.

2 demi-pouces correspondent à __4__ quarts de pouce.

4 quarts de pouce sont égaux à __2__ demi-pouces.

Je peux estimer qu'il faut diviser chaque $\frac{1}{2}$ pouce en 2 parties égales pour marquer les $\frac{1}{4}$ de pouce. Ensuite, je peux utiliser la bande pour m'aider à remplir les blancs.

3. Samantha dit que sa pastelle rose mesure $2\frac{1}{2}$ pouces (in). Daniel dit que c'est la même chose que 5 demi-pouces. Explique pourquoi ils ont tous les deux raison.

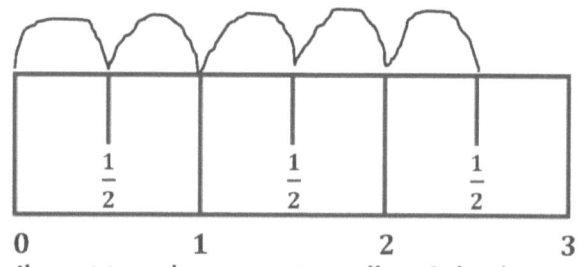

Je peux voir dans mon dessin qu'il y a 5 demi-pouces dans $2\frac{1}{2}$ pouces.

Ils sont tous deux corrects car il y a 2 demi-pouces dans chaque pouce, donc $2\frac{1}{2}$ pouces est égal à 5 demi-pouces.

Nom _____ Date _____

1. Travis mesure 5 crayons de couleur différents au pouce (in), $\frac{1}{2}$ pouce (in), et $\frac{1}{4}$ pouce (in) près. Il note ses mesures dans le tableau ci-dessous. Il dessine une étoile à côté des mesures qui sont exactes.

Crayon de couleur	Mesuré au pouce (in) près	Mesuré au $\frac{1}{2}$ pouce (in) près	Mesuré au $\frac{1}{4}$ pouce (in) près
Rouge	7	$6\frac{1}{2}$	$6\frac{3}{4}$
Bleu	5	5	$5\frac{1}{4}$
Jaune	6	$5\frac{1}{2}$ ☆	$5\frac{1}{2}$ ☆
Violet	5	$4\frac{1}{2}$	$4\frac{3}{4}$
Vert	2	3	$1\frac{3}{4}$

a. Quel crayon de couleur est le plus long ? _____

   Il mesure _____ pouces (in).

b. Regarde attentivement les données de Travis. Quel crayon de couleur doit probablement être mesuré de nouveau ? Explique comment tu le sais.

2. Evelyn marque une bande de papier de 4 pouces (in) en parties égales tel qu'illustré ci-dessous.

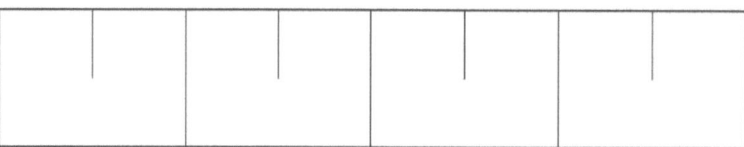

   a. Étiquette les pouces (in) entiers et les demis-pouces (in) sur la bande de papier.

   b. Fais une estimation pour tracer les marques de $\frac{1}{4}$ de pouce (in) sur la bande de papier. Ensuite, remplis les blancs ci-dessous.

   1 pouce (1 in) est égal à _____ demis-pouces.

   1 pouce (1 in) est égal à _____ quarts de pouces

   1 demi-pouce est égal à _____ quarts de pouces.

   2 quarts de pouces sont égaux à _____ demi-pouce.

3. Travis dit que son crayon jaune mesure $5\frac{1}{2}$ pouces (in). Ralph dit que c'est la même chose que 11 demis-pouces. Explique pourquoi ils ont tous les deux raison.

M. Jackson inscrit le temps que ses élèves de piano passent à la pratique du piano par semaine. Les temps sont indiqué sur la ligne droite ci-dessous.

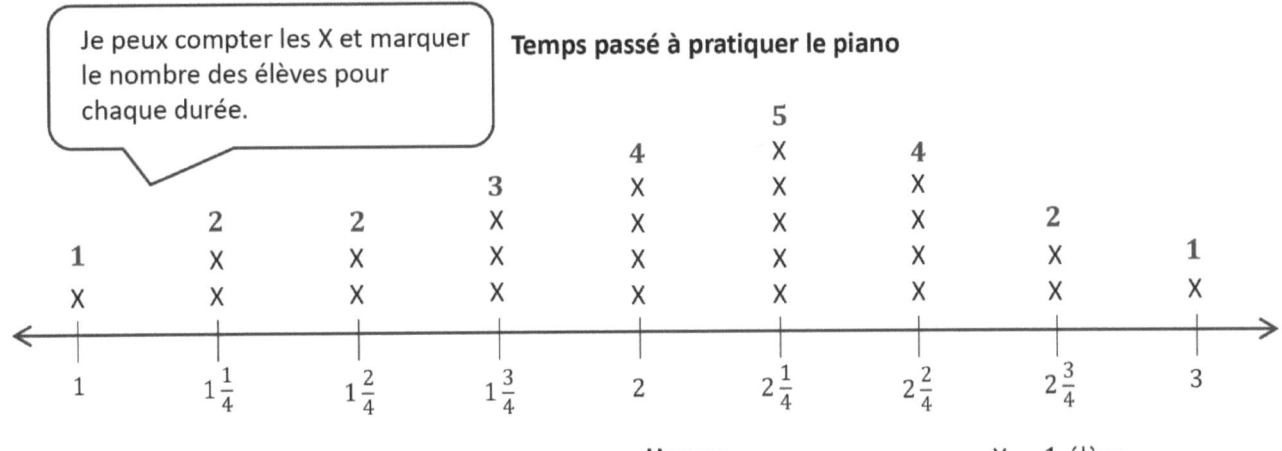

a. Combien d'élèves pratiquent pendant 2 heures ?

4 élèves se sont entraînés pendant 2 heures.

Pour répondre facilement à cette question, je peux regarder les marques que je mets sur le tracé de la ligne après avoir compté.

b. Combien d'élèves suivent les cours de piano de M. Jackson ? Comment le sais-tu ?

24 élèves prennent des cours auprès de M. Jackson. Je le sais parce que j'ai compté tous les X sur le tracé de la ligne.

Je peux compter les X, ou je peux additionner tous les chiffres que j'ai marqués sur le tracé de ligne.
$1 + 2 + 2 + 3 + 4 + 5 + 4 + 2 + 1 = 24$

c. Combien d'élèves pratiquent pendant plus de $2\frac{2}{4}$ heures ?

3 élèves ont pratiqué pendant plus de $2\frac{2}{4}$ heures.

Comme il indique plus $2\frac{2}{4}$ heures, je peux juste compter les X pendant $2\frac{3}{4}$ heures et 3 heures.

Leçon 6 : Interpréter des données de mesure de plusieurs lignes droites.

d. M. Jackson dit que pour que les élèves participent au récital, ils doivent travailler pendant au moins 2 heures. Combien d'élèves peuvent participer au récital ?

16 élèves peuvent participer au récital.

> Je peux compter les X pour les temps qui sont égaux ou supérieurs à 2 heures parce que le problème dit "au moins 2 heures".

e. M. Jackson remarque que les 3 temps les plus fréquents pour la pratique sont 2 heures, $2\frac{1}{4}$ heures, et $2\frac{2}{4}$ heures. Es-tu d'accord ? Explique ta réponse.

Oui, je suis d'accord. 4 élèves ont pratiqué pendant $2\frac{2}{4}$ heures, et 5 élèves ont pratiqué $2\frac{1}{4}$ heures. Ces nombres d'élèves, 4 et 5, sont les plus élevés pour toutes les périodes pratiquées.

> Je sais que les "moments les plus fréquents" sont ceux que la plupart des élèves passent à s'entraîner.

f. M. Jackson dit que le temps le plus courant passé à la pratique du piano est 10 quarts d'heures. A-t-il raison ? Pourquoi ou pourquoi pas ?

Non, il n'a pas raison. Le temps de pratique le plus courant est de $2\frac{1}{4}$ heures. Comme il y a 4 quarts d'heure dans chaque heure, il y a 9 quarts d'heure dans $2\frac{1}{4}$ hours.

$2 \times 4 = 8$

$8 + 1 = 9$

> Je sais que le temps de pratique le plus courant est de 2 heures et quart. Je trouve d'abord le nombre de quarts d'heure en $2\frac{1}{4}$ heures en multipliant 2 x 4 car il y a 2 heures, et chaque heure est composée de 4 quarts d'heure. Ensuite, je peux ajouter 8 + 1 parce qu'il y a encore un quart d'heure dans le temps $2\frac{1}{4}$ heures. Cela fait 9 quarts d'heure.

Nom _____ Date _____

1. Mlle Leal mesure la taille des élèves de sa classe de maternelle. Les tailles sont indiquées sur la ligne droite ci-dessous.

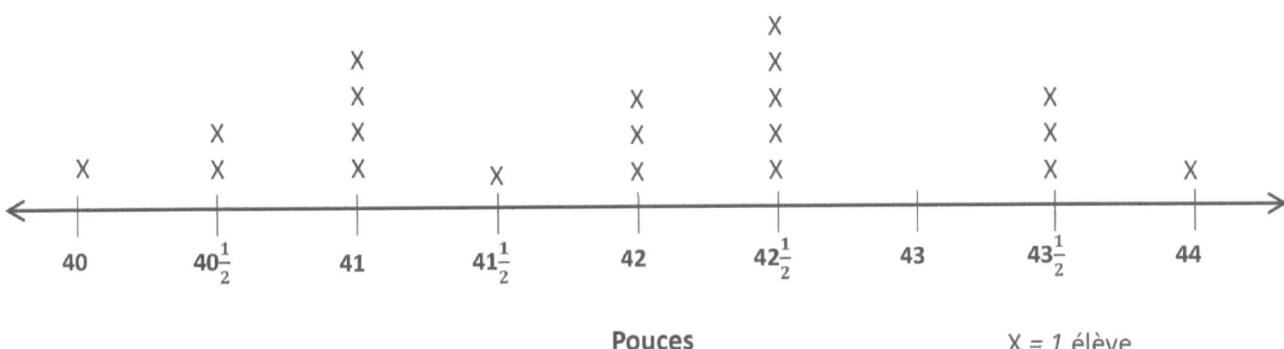

Taille des élèves de la classe de maternelle de Mme Leal

Pouces   X = 1 élève

a. Combien d'élèves de la classe de Mlle Leal font exactement 41 pouces (41 in) ?

b. Combien d'élèves y a-t-il dans la classe de Mlle Leal ? Comment le sais-tu ?

c. Combien d'élèves dans la classe de Mlle Leal font plus de 42 pouces (42 in) ?

d. Mlle Leal dit que pour la photo de classe, les élèves de la rangée de derrière doivent faire au moins $42\frac{1}{2}$ pouces (in). Combien d'élèves devraient être dans la rangée de derrière ?

Leçon 6 : Interpréter des données de mesure de plusieurs lignes droites.

UNE HISTOIRE D'UNITÉS   Leçon 6 Devoirs   3•6

2. La classe de M. Stein étudie les plantes. Ils plantes des graines dans des sacs en plastique transparent et mesurent la longueur des racines. Les longueurs en pouces (in) des racines sont indiquées sur la ligne droite ci-dessous.

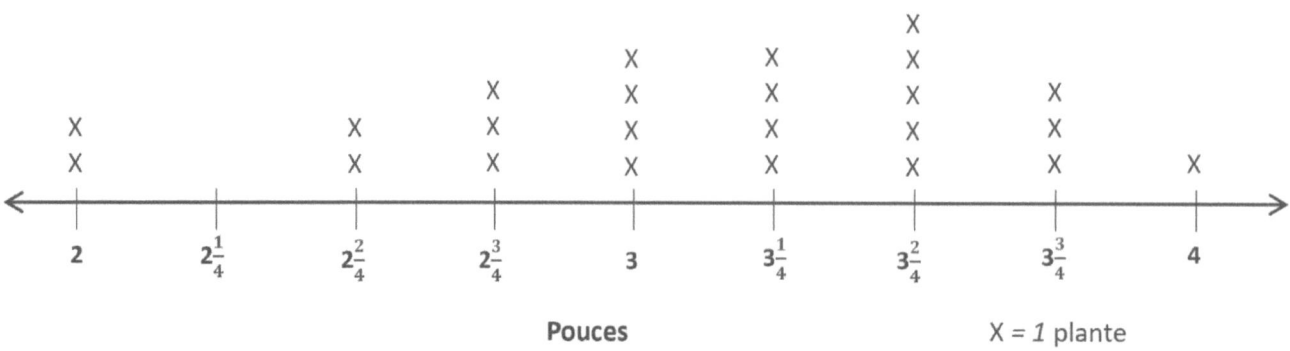

a. Combien de racines la classe de M. Stein a-t-elle mesurées ? Comment le sais-tu ?

b. Teresa dit que les 3 mesures les plus fréquentes de la plus petite à la plus grande sont $3\frac{1}{4}$ pouces (in), $3\frac{2}{4}$ pouces (in), et $3\frac{3}{4}$ pouces (in). Es-tu d'accord ? Explique ta réponse.

c. Gerald dit que la mesure la plus fréquente est 14 quarts de pouces. A-t-il raison ? Pourquoi ou pourquoi pas ?

UNE HISTOIRE D'UNITÉS | Leçon 7 Aide aux devoirs | 3•6

1. Le tableau ci-dessous montre le temps que les élèves de la classe de Mme Bishop passent sur leurs devoirs le lundi soir.

Heures passées à faire des devoirs				
$1\frac{1}{4}$ ✓	$\frac{3}{4}$ ✓	$\frac{1}{4}$ ✓	$\frac{1}{2}$ ✓	$1\frac{1}{2}$ ✓
$\frac{3}{4}$ ✓	1 ✓	$\frac{3}{4}$ ✓	1 ✓	$\frac{1}{2}$ ✓
0 ✓	$\frac{1}{2}$ ✓	$\frac{3}{4}$ ✓	$\frac{1}{2}$ ✓	$\frac{3}{4}$ ✓
1 ✓	$\frac{1}{4}$ ✓	$\frac{1}{4}$ ✓	1 ✓	$1\frac{1}{4}$ ✓

> Je peux cocher une case à côté de chaque temps après l'avoir tracé. De cette façon, je peux être sûr de ne tracer chaque temps qu'une seule fois.

a. Utilise les données pour compléter la ligne droite ci-dessous.

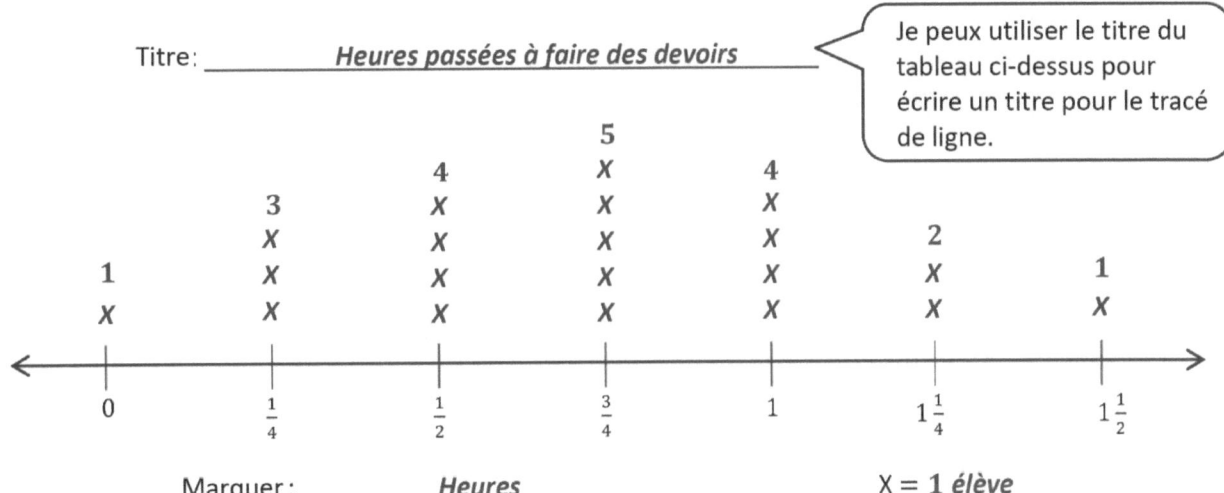

Titre : __Heures passées à faire des devoirs__

> Je peux utiliser le titre du tableau ci-dessus pour écrire un titre pour le tracé de ligne.

Marquer : __Heures__   X = 1 élève

Leçon 7 : Représenter les données de mesure avec des lignes droites.

b. Combien d'élèves passent $\frac{1}{2}$ heure à faire leurs devoirs ?

4 élèves ont passé une demi-heure à faire leurs devoirs.

> Je peux compter les X pendant une demi-heure pour répondre à cette question.

c. Combien d'élèves passent moins de 1 heure à faire leurs devoirs ?

13 élèves ont passé moins d'une heure à faire leurs devoirs.

> Je peux compter les X pour 0 heure, $\frac{1}{4}$ d'heure, $\frac{1}{2}$ heure et $\frac{3}{4}$ hours heures parce que ces temps sont tous inférieurs à 1 heure.

d. Combien d'élèves de la classe de Mme Bishop passent du temps à faire leurs devoirs le lundi soir ? Comment le sais-tu ?

19 élèves de la classe de Mme Bishop ont passé du temps à faire leurs devoirs le lundi soir. Je le sais parce que j'ai compté tous les X sauf le X pendant 0 heure parce que cet élève n'a pas passé de temps à faire ses devoirs lundi soir.

> Ce problème était un peu compliqué parce que d'habitude, pour un problème comme celui-ci, je peux juste compter tous les X. Je ne peux pas compter tous les X cette fois-ci parce qu'un élève a passé 0 heure à faire ses devoirs le lundi soir.

e. Kathleen dit que la plupart des élèves passent au moins 1 heure à faire leurs devoirs. A-t-elle raison ? Explique ton raisonnement.

Non, Kathleen n'a pas raison. 7 élèves ont passé au moins une heure à faire leurs devoirs, mais 13 élèves ont passé moins d'une heure à faire leurs devoirs. Kathleen pourrait dire que la plupart des élèves passent moins d'une heure à faire leurs devoirs.

> Je peux compter les X pendant 1 heure, 1 heure $\frac{1}{4}$ et 1 heure ½ pour savoir combien d'élèves ont passé au moins 1 heure à faire leurs devoirs. Je peux consulter ma réponse au problème 1(c) pour voir combien d'élèves ont passé moins d'une heure à faire leurs devoirs.

UNE HISTOIRE D'UNITÉS

Leçon 7 Devoirs 3•6

Nom _____   Date _____

Les élèves de Mme Felter construisent une maquette du quartier de l'école à partir de blocs. Les élèves mesurent les hauteurs des bâtiments au $\frac{1}{4}$ de pouce près et notent les mesures tel qu'indiqué ci-dessous.

Hauteurs des bâtiments (en pouces)				
$3\frac{1}{4}$	$3\frac{3}{4}$	$4\frac{1}{4}$	$4\frac{1}{2}$	$3\frac{1}{2}$
4	3	$3\frac{3}{4}$	3	$4\frac{1}{2}$
3	$3\frac{1}{2}$	$3\frac{3}{4}$	$3\frac{1}{2}$	4
$3\frac{1}{2}$	$3\frac{1}{4}$	$3\frac{1}{2}$	4	$3\frac{3}{4}$
3	$4\frac{1}{4}$	4	$3\frac{1}{4}$	4

a. Utilise les données pour compléter la ligne droite ci-dessous.

Titre : _____

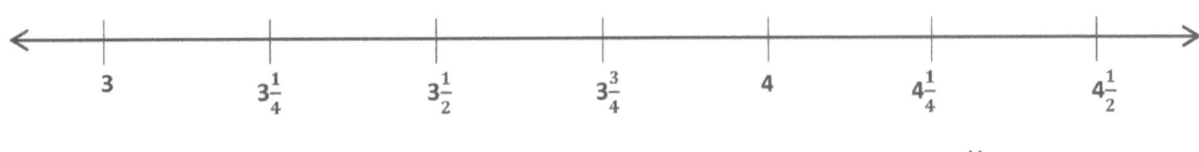

Marquer : _____ X =

Leçon 7 : Représenter les données de mesure avec des lignes droites.

b. Combien de bâtiments font $4\frac{1}{4}$ pouces (in) ?

c. Combien de bâtiments font moins de $3\frac{1}{2}$ pouces (in) ?

d. Combien de bâtiments y a-t-il dans la maquette de la classe ? Comment le sais-tu ?

e. Brook dit que la plupart des bâtiments de la maquette font au moins 4 pouces (4 in). A-t-elle raison ? Explique ton raisonnement.

UNE HISTOIRE D'UNITÉS   Leçon 8 Aide aux devoirs   3•6

Samuel entraîne sa grenouille pour le concours de saut de grenouilles de la foire agricole. Le tableau ci-dessous montre les distances que la grenouille de Samuel a sautées lors de ses entraînements.

Distance sautée (en pouces)				
$73\frac{3}{4}$ ✓	74 ✓	$74\frac{1}{4}$ ✓	74 ✓	$73\frac{1}{2}$ ✓
$74\frac{1}{2}$ ✓	$74\frac{1}{4}$ ✓	$74\frac{1}{2}$ ✓	$73\frac{3}{4}$ ✓	74 ✓
$73\frac{1}{4}$ ✓	($74\frac{3}{4}$) ✓	(73) ✓	$74\frac{1}{4}$ ✓	$73\frac{1}{2}$ ✓
74 ✓	$73\frac{3}{4}$ ✓	74 ✓	74 ✓	$74\frac{1}{4}$ ✓

Je peux encercler les distances les plus courtes et les plus longues pour trouver les points d'arrivée de mon tracé de ligne.

a. Utilise les données pour créer une ligne droite ci-dessous.

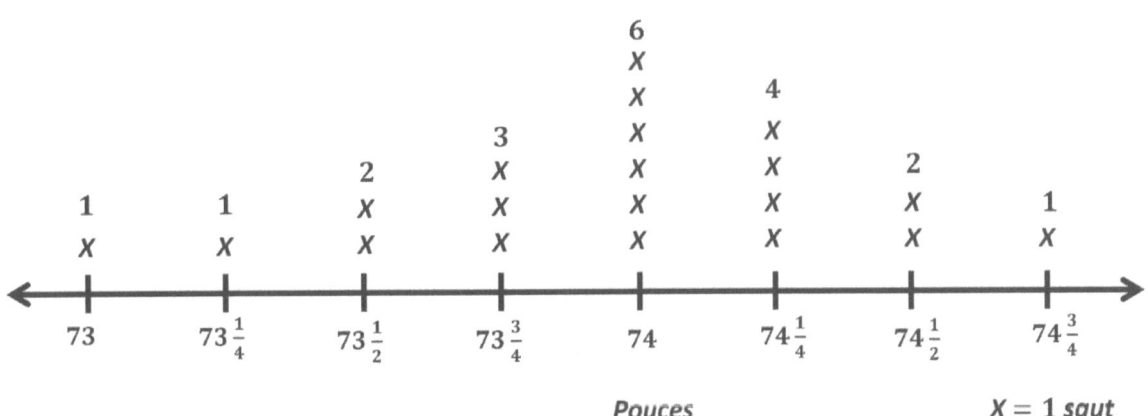

Distance sautée

Pouces   X = 1 saut

Leçon 8 :   Représenter les données de mesure avec des lignes droites.

b. Explique les étapes que tu as suivies pour créer la ligne droite.

J'ai trouvé les points finaux en trouvant les distances les plus courtes et les plus longues, 73 pouces et $74\frac{3}{4}$ pouces. J'ai ensuite déterminé l'intervalle à utiliser sur mon tracé en trouvant la plus petite unité, $\frac{1}{4}$ de pouce. J'ai marqué les points finaux et j'ai partitionné et marqué des intervalles d'un quart de pouce. Ensuite, j'ai enregistré les données en dessinant des X au-dessus de chaque mesure. J'ai écrit un titre, fabriqué une clé et marqué les mesures en pouces.

> Je peux compter par quart de pouce de 73 pouces à $74\frac{3}{4}$ pouces pour déterminer le nombre d'intervalles d'un quart de pouce dont j'ai besoin sur mon tracé de ligne.

c. Combien de fois en plus la grenouille de Samuel a-t-elle sauté à $74\frac{1}{4}$ pouces (in) que à $73\frac{1}{2}$ pouces (in) ?

$4 - 2 = 2$

> Je peux soustraire le nombre de fois où la grenouille a sauté de $73\frac{1}{2}$ pouces du nombre de fois où la grenouille a sauté de $74\frac{1}{4}$ pouces.

La grenouille de Samuel a sauté $74\frac{1}{4}$ pouces 2 fois de plus qu'elle n'a sauté $73\frac{1}{2}$ pouces.

d. Trouve les trois mesures les plus fréquentes sur la ligne droite. Qu'est-ce que cela te dit à propos de la distance de la plupart des sauts de la grenouille ?

Les trois mesures les plus fréquentes sur le tracé de la ligne sont $73\frac{3}{4}$ pouces, 74 pouces et $74\frac{1}{4}$ pouces. Cela m'indique que la plupart des sauts de la grenouille étaient compris entre $73\frac{3}{4}$ ipouces et $74\frac{1}{4}$ pouces.

> Je peux prouver que c'est vrai en soustrayant le nombre de fois où la grenouille a sauté $73\frac{3}{4}$ pouces, 74 pouces, ou $74\frac{1}{4}$ pouces du nombre total de fois où la grenouille a sauté.
>
> $20 - 13 = 7$
>
> Treize des sauts de la grenouille se situaient entre $73\frac{3}{4}$ pouces et $74\frac{1}{4}$ pouces. Sept des sauts ne faisaient pas partie des trois mesures les plus fréquentes.

UNE HISTOIRE D'UNITÉS   Leçon 8 Devoirs 3•6

Nom _____   Date _____

Les élèves de la classe de Mme Leah utilise ce qu'ils ont appris au sujet des machines simples pour construire des lanceurs de marshmallow. Ils notent les distances parcourues par leurs marshmallows dans le tableau ci-dessous.

Distance parcourue (en pouces)				
$48\frac{3}{4}$	49	$49\frac{1}{4}$	50	$49\frac{3}{4}$
$49\frac{1}{2}$	$48\frac{1}{4}$	$49\frac{1}{2}$	$48\frac{3}{4}$	49
$49\frac{1}{4}$	$49\frac{3}{4}$	48	$49\frac{1}{4}$	$48\frac{1}{4}$
49	$48\frac{3}{4}$	49	49	$48\frac{3}{4}$

a. Utilise les données pour créer une ligne droite ci-dessous.

Leçon 8 :   Représenter les données de mesure avec des lignes droites.

b. Explique les étapes que tu as suivies pour créer la ligne droite.

c. Combien de marshmallows en plus ont parcouru $48\frac{3}{4}$ pouces (in) que $48\frac{1}{4}$ pouces (in) ?

d. Trouve les trois mesures les plus fréquentes sur la ligne droite. Qu'est-ce que cela te dit à propos de la distance parcourue par la plupart des marshmallows ?

1. Le tableau ci-dessous montre la quantité d'argent que les enfants de Mme Mack ont dans leurs tirelires.

Enfant	Quantité d'argent
Marie	$16
Nathan	$12
Mara	$15
Noah	$11

Crée un graphique ci-dessous en utilisant les données du tableau.

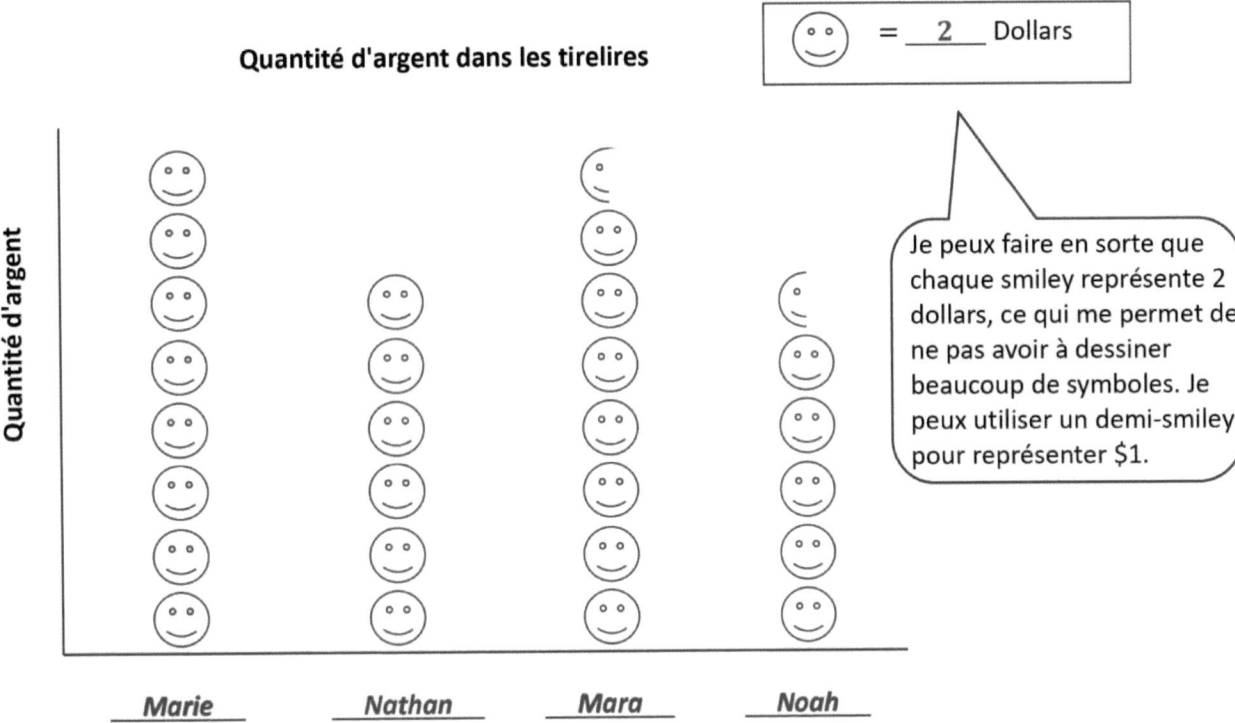

Je peux faire en sorte que chaque smiley représente 2 dollars, ce qui me permet de ne pas avoir à dessiner beaucoup de symboles. Je peux utiliser un demi-smiley pour représenter $1.

Leçon 9 : Analyser les données pour résoudre le problème.

2. Utilise le tableau ou le graphique pour répondre aux questions suivantes.

   a. Combien Marie et Nathan, ensemble, ont-ils en plus que Mara et Noah ensemble ?

   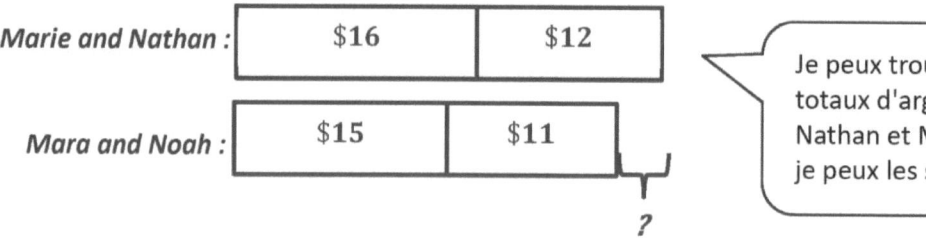

   Je peux trouver les montants totaux d'argent pour Marie et Nathan et Mara et Noah, puis je peux les soustraire.

   $28 - $26 = $2   Marie et Nathan ont $2 de plus que Mara et Noah.

   b. Marie et Noah mettent leur argent ensemble pour acheter des cartes de baseball. Chaque paquet de cartes coûte $3. Combien de paquets de cartes peuvent-ils acheter ?

   $16 + $11 = $27

   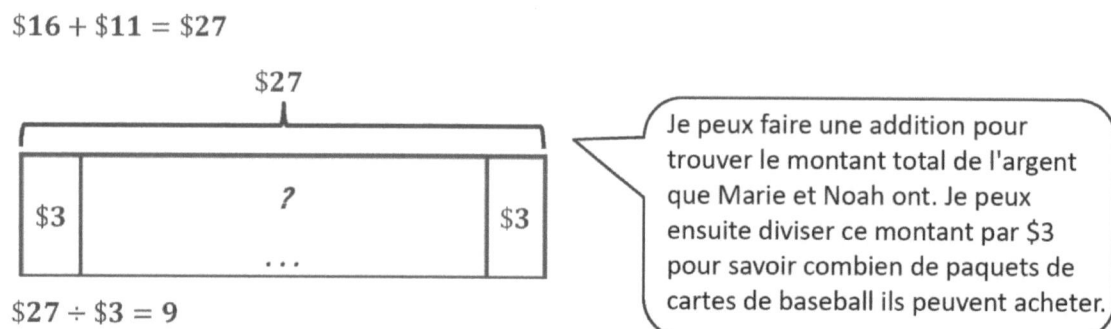

   Je peux faire une addition pour trouver le montant total de l'argent que Marie et Noah ont. Je peux ensuite diviser ce montant par $3 pour savoir combien de paquets de cartes de baseball ils peuvent acheter.

   $27 ÷ $3 = 9

   Marie et Noah peuvent acheter 9 paquets de cartes de baseball.

   c. Mara reçoit $20 pour son anniversaire. Elle met ensemble l'argent de son anniversaire et l'argent de sa tirelire pour acheter un livre à $9 et un bouquet de fleurs pour sa maman. Elle remet les $8 qu'il lui restent dans sa tirelire. Combien le bouquet de fleurs a-t-il coûté ?

   $20 + $15 = $35

   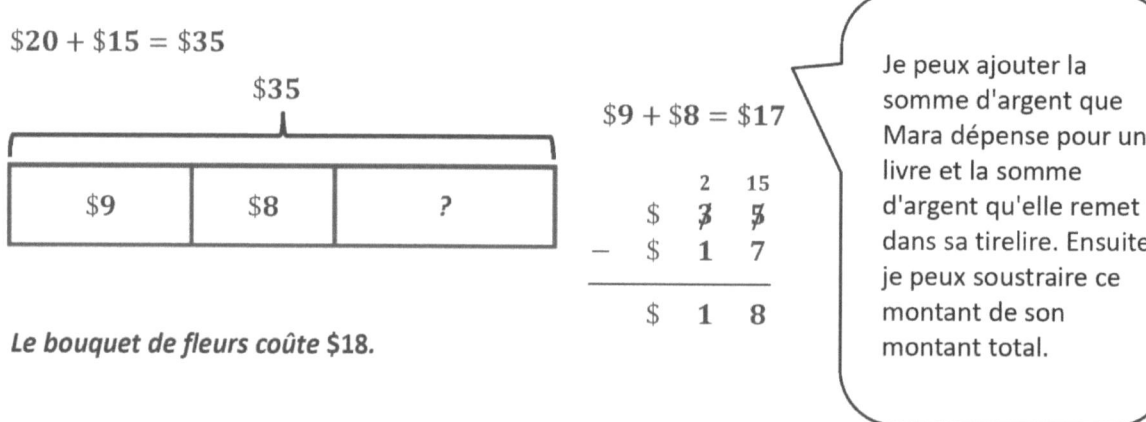

   Je peux ajouter la somme d'argent que Mara dépense pour un livre et la somme d'argent qu'elle remet dans sa tirelire. Ensuite, je peux soustraire ce montant de son montant total.

   Le bouquet de fleurs coûte $18.

UNE HISTOIRE D'UNITÉS   Leçon 9 Devoirs   3•6

Nom _____   Date _____

1. Le tableau ci-dessous montre l'argent que Danielle a économisé pendant quatre mois.

Mois	Argent économisé
Janvier	$9
Février	$18
Mars	$36
Avril	$27

Crée un graphique ci-dessous en utilisant les données du tableau.

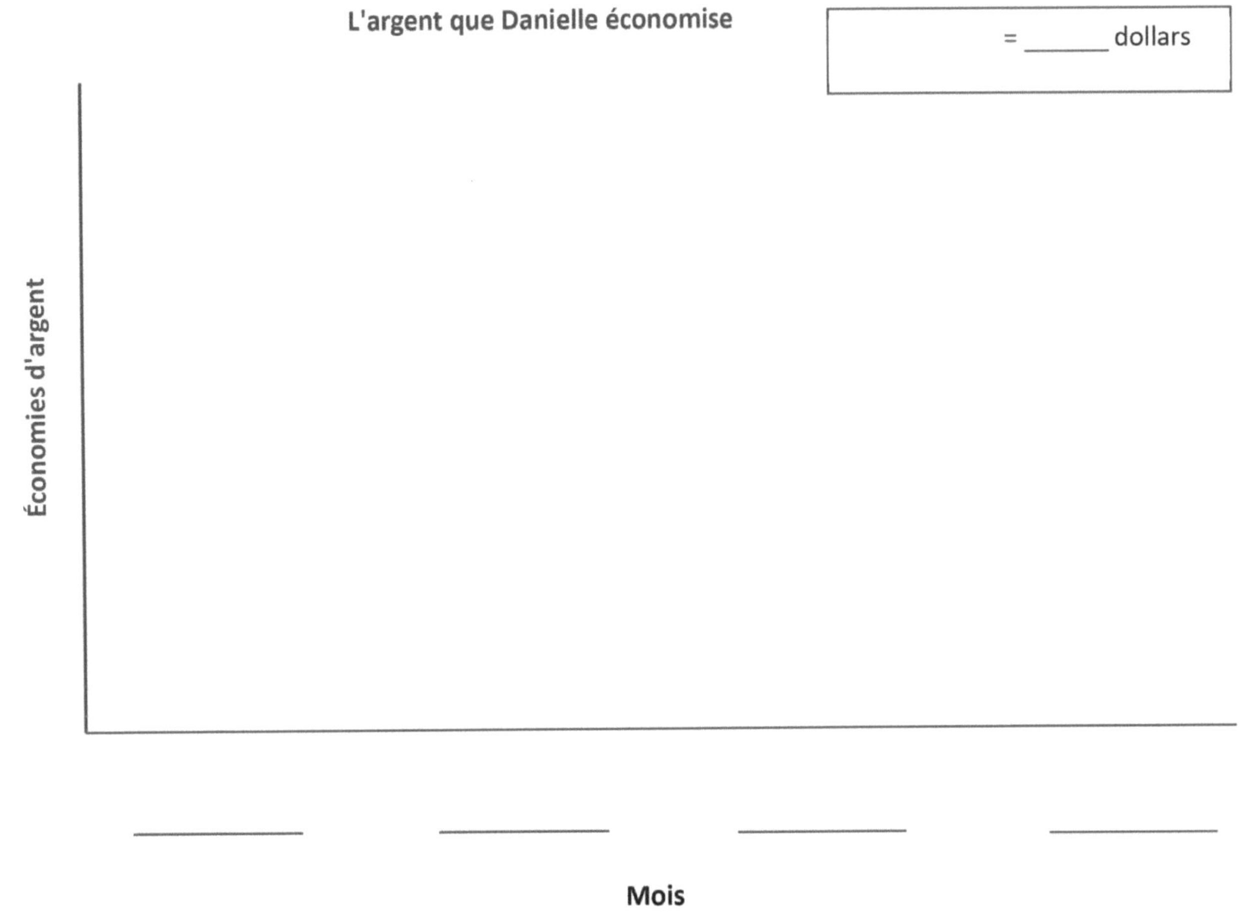

L'argent que Danielle économise

☐ = _____ dollars

Économies d'argent

Mois

Leçon 9 : Analyser les données pour résoudre le problème.

2. Utilise le tableau ou le graphique pour répondre aux questions suivantes.

   a. Combien Danielle a-t-elle économisé en quatre mois ?

   b. Combien Danielle a-t-elle économisé en plus en mars et en avril qu'en janvier et en février ?

   c. Danielle combine ses économies de mars et d'avril pour acheter des livres pour ses amis. Chaque livre coûte $9. Combien de livres peut-elle acheter ?

   d. Danielle gagne $33 en juin. Elle achète un collier à $8 et un cadeau d'anniversaire pour son frère. Elle économise les $13 qu'il lui reste. Combien a coûté le cadeau d'anniversaire ?

3e année

Module 7

1. Un musée utilise 6 camions pour déplacer des peintures et des sculptures à un nouvel emplacement. Ils déplacent un total de 24 peintures et 18 sculptures. Chaque camion transporte le même nombre de peintures et un nombre équivalent de sculptures. Combien de peintures et combien de sculptures y a-t-il dans chaque camion ?

> Je peux utiliser le processus Lecture-Dessin-Écriture pou résoudre. En lisant le problème, je peux visualiser le problème dans ma tête. Je sais que c'est utile de relire le problème au cas où j'aurais oublié quelque chose ou que je n'aurais pas bien compris les informations. Ensuite je peux me demander "Que puis-je dessiner ?"

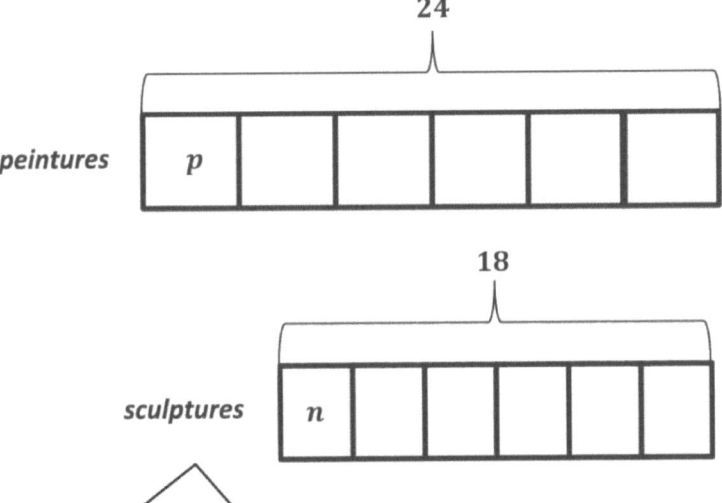

p représente le nombre de peintures dans chaque camion

$$24 \div 6 = p$$
$$p = 4$$

n représente le nombre de sculptures dans chaque camion

$$18 \div 6 = n$$
$$n = 3$$

> Je peux déterminer quelles informations sont connues et inconnues grâce à mon dessin. Je peux représenter mes inconnues à l'aide de lettres. Je sais qu'il y a un total de 24 peintures et 18 sculptures. Ils sont placés à égalité dans 6 camions. Je connais les totaux et je sais que le nombre de groupes est de 6. Mon inconnu est donc la taille de chaque groupe.

> Ensuite, je peux écrire des phrases mathématiques à partir de mes dessins.

> La dernière étape du processus de lecture-dessin-écriture (LDE) consiste à écrire une phrase avec des mots pour répondre au problème. Je peux relire la question pour être sûr que ma phrase y répond. Cela me donne également la possibilité de revoir mes calculs pour m'assurer que ma réponse est raisonnable.

Il y a 4 peintures et 3 sculptures dans chaque camion.

Leçon 1 : Résoudre des problèmes dans des contextes divers en utilisant une lettre pour représenter l'inconnue.

2. Le père de Christopher a donné $30 au caissier pour payer 7 porte-clés dans un magasin de souvenirs. Le caissier lui donne $9 en retour. Combien coûte chaque porte-clés ?

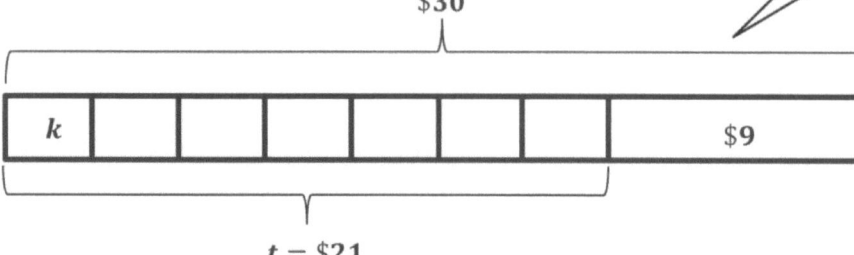

> Je sais qu'il existe de nombreuses façons de dessiner et de résoudre ce problème, mais je veux dessiner un modèle qui me soit le plus utile.

t représente le coût total de 7 porte-clés

$$\$30 - \$9 = t$$
$$t = \$21$$

k représente le coût de chaque porte-clés

$$\$21 \div 7 = k$$
$$k = \$3$$

Chaque porte-clés coûte $3.

> Cette fois, j'ai choisi de ne dessiner qu'un seul diagramme à bandes et de marquer les deux inconnues avec des lettres. Je sais que je dois d'abord résoudre pour *t*, et ensuite je peux résoudre pour *k*. Marquer les inconnues avec des lettres différentes m'aide à différencier facilement les deux inconnues.

> Maintenant, je peux écrire mes phrases mathématiques et une déclaration qui répond à la question.

Nom _____ Date _____

La famille de Max prend le train pour aller voir le zoo de la ville. Utilise le processus LDE pour résoudre les problèmes au sujet du voyage de Max au zoo. Utilise une lettre pour représenter l'inconnue dans chaque problème.

1. Le signe ci-dessous montre les informations à propos de l'horaire du train vers la ville.

Prix des tickets de train—Aller
Adulte………………… ………$8
Enfant……………… …………$6
Départ toutes les 15 minutes à partir de 6:00 a.m.

   a. La famille de Max achète 2 tickets adultes et 3 tickets enfants. Combien cela coûte-t-il à la famille de Max de prendre le train jusqu'en ville ?

   b. Le père de Max paie pour les tickets avec des billets de $10. Il reçoit $6 en retour. Combien de billets de $10 bills le père de Max utilise-t-il pour payer les tickets de train ?

   c. La famille de Max veut prendre le quatrième train de la journée. Maintenant, il est 6:38 a.m. Combien de minutes doivent-ils attendre avant le quatrième train ?

Leçon 1 : Résoudre des problèmes dans des contextes divers en utilisant une lettre pour représenter l'inconnue.

2. Au zoo, ils voient 17 jeunes chauve-souris et 19 chauve-souris adultes. Les chauve-souris sont réparties de manière égale dans 4 zones. Combien de chauve-souris y a-t-il dans chaque zone ?

3. Le père de Max donne $20 au cassier pour payer 6 bouteilles d'eau. Le caissier lui rend $8. Combien coûte chaque bouteille d'eau ?

4. 112 types de reptiles et d'amphibiens sont présentés au zoo. Il y a 72 types de reptiles, et le reste sont des amphibiens. Combien de types de reptiles y a-t-il en plus que d'amphibiens présentés ?

Kathy mesure 167 centimètres. La hauteur totale de Kathy et de sa petite sœur Jenny est 319 centimètres. Combien de centimètres en plus Kathy fait-elle par rapport à Jenny ? Dessine au moins 2 différentes manières de représenter le problème.

> Je peux utiliser le processus LDE pour m'aider à résoudre. D'abord, je dois lire (et relire) le problème. Cela m'aidera à visualiser le problème. Ensuite, je peux dessiner un modèle pour représenter le problème avec les informations connues et inconnues.

Étape 1 :

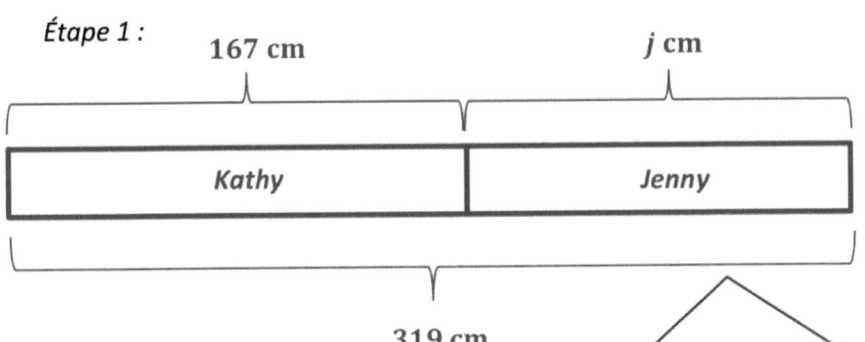

j représente la taille de Jenny en centimètres

$$319 \text{ cm} - 167 \text{ cm} = j$$
$$j = 152 \text{ cm}$$

> Je remarque qu'il s'agit d'un problème en deux étapes. D'après mon dessin, je connais la taille totale des deux sœurs et la taille de Kathy. L'inconnu dans mon dessin est la taille de Jenny, qui est marquée par la lettre j. Je peux écrire une équation de soustraction pour trouver sa taille. Mais cela ne répond pas à la question.

Étape 2 :

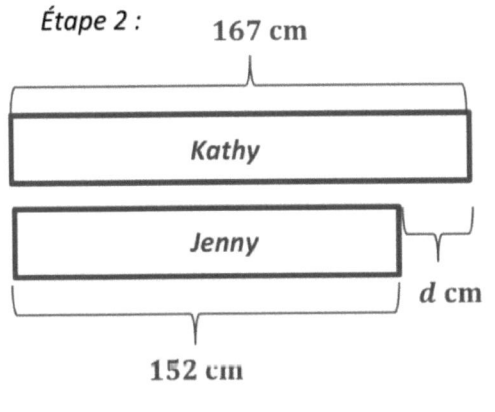

d représente la différence entre les deux hauteurs en centimètres

$$167 \text{ cm} - 152 \text{ cm} = d$$
$$d = 15 \text{ cm}$$

> La question est : " Combien Kathy est-elle plus grande que Jenny ?" Cela signifie que je dois dessiner un deuxième diagramme et écrire une équation de soustraction pour répondre à la question. Je peux marquer l'inconnu, qui cette fois est la différence de leur hauteur, avec une nouvelle lettre.

> Enfin, je peux vérifier mon travail lorsque je rédige ma déclaration.

Kathy est 15 centimètres plus grande que Jenny.

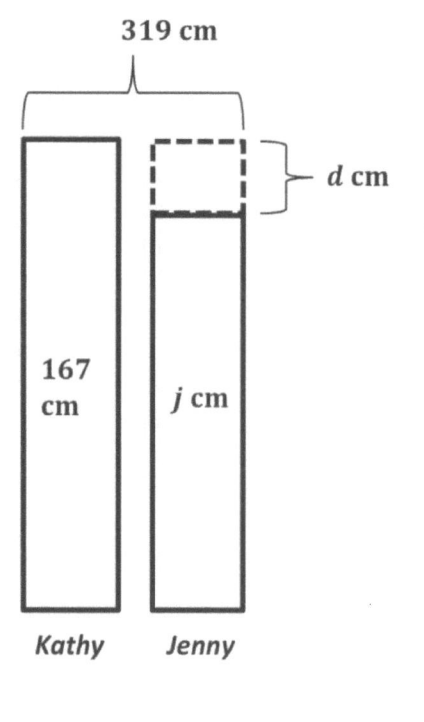

> C'est une autre façon de représenter le problème. Je peux dessiner mon diagramme à bandes verticalement parce que le problème est une question de taille. Je peux aussi mettre les deux inconnues dans un seul diagramme au lieu de dessiner chaque étape séparément. Cela pourrait me gagner du temps. La prochaine étape consistera à écrire des équations et une déclaration qui accompagneront mon dessin.

Étape 1 :

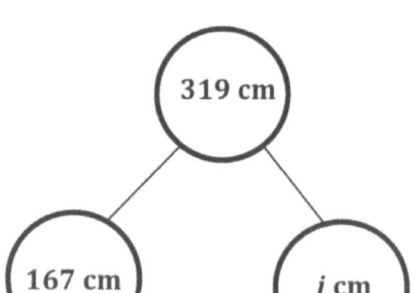

Étape 2 :

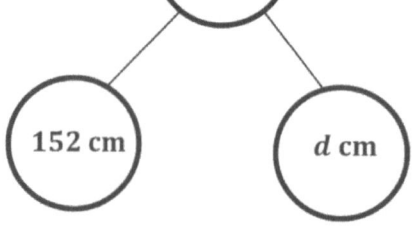

> Je pourrais aussi modéliser le problème en utilisant des liaisons numériques parce qu'elles montrent la relation entre les parties et le tout.

> Il existe de nombreuses façons différentes de marquer et de modéliser le même problème, mais je veux toujours dessiner un modèle qui représente le problème le plus clairement pour moi. Mon dessin est important parce qu'il m'aide à décider d'une manière de résoudre, et il m'aide aussi à écrire mes phrases de chiffres et une déclaration écrite pour répondre à la question.

Nom _____ Date _____

Utilise le processus Lire–Dessiner–Écrire (LDE) pour résoudre le problème. Utilise une lettre pour représenter l'inconnue dans chaque problème.

1. Une boîte contenant 3 petits sachets de farine pèse 950 grammes. Chaque sachet de farine pèse 300 grammes. Combien pèse la boîte vide ?

2. M. Cullen a besoin de 91 carrés de tapis. Il a 49 carrés de tapis. Si les carrés sont vendus par boîtes de 6, combien de boîtes de carrés de tapis M. Cullen doit-il acheter ?

3. Erica fait une banderole en utilisant 4 feuilles de papier. Chaque feuille fait 9 pouces (9 in) sur 10 pouces (10 in). Quelle est l'aire totale de la banderole d'Erica ?

Leçon 2 : Résoudre des problèmes dans des contextes divers en utilisant une lettre pour représenter l'inconnue.

4. Monica a inscrit 32 points pour son équipe lors du Science Bowl. Elle a eu 5 questions à quatre points correctes, et le reste de ses points venait des réponses à trois points. À combien de questions à trois points a-t-elle répondu correctement ?

5. Le chaton noir de Kim pèse 175 grammes. Son chaton gris pèse 43 grammes de moins que le chaton noir. Quel est le poids total des deux chatons ?

6. La taille combinée de Cassias et Javier est de 267 centimètres. Cassias mesure 128 centimètres. Combien de centimètres Javier fait-il en plus que Cassias ?

| UNE HISTOIRE D'UNITÉS | Leçon 3 Aide aux devoirs | 3•7 |

Mme Yoon achète 6 sachets de jetons. Chaque sachet contient neuf jetons. Elle donne à chacun de ses 12 élèves de math 4 jetons. Combien de jetons lui reste-t-il ?

> Je vais utiliser le processus LDE (lecture, dessin, écriture) pour résoudre ce problème en plusieurs étapes. Je vais d'abord lire le problème, puis je vais faire une pause et visualiser ce qui se passe dans le problème pour avoir une idée de ce qu'il faut dessiner.

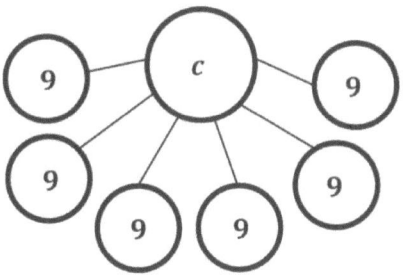

ou

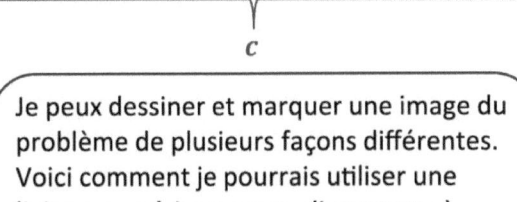

c représente le nombre total de jetons que Mme Yoon achète.

$6 \times 9 = c$
$c = 54$

Mme Yoon achète 54 jetons.

> Je peux dessiner et marquer une image du problème de plusieurs façons différentes. Voici comment je pourrais utiliser une liaison numérique ou un diagramme à bandes pour montrer la première partie du problème. Les deux modèles montrent que l'inconnu est le tout, ou le total.

> Ensuite, je peux dessiner un deuxième modèle pour m'aider à trouver le nombre total de compteurs que Mme Yoon donne. Cette fois, je peux utiliser g pour représenter l'inconnu.

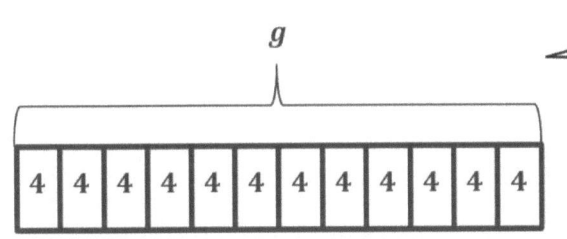

g représente le nombre total de jetons que Mme Yoon donne.

$g = 12 \times 4$
$ = (10 + 2) \times 4$
$ = (10 \times 4) + (2 \times 4)$
$ = 40 + 8$
$g = 48$

Mme Yoon donne 48 jetons.

$54 - 48 = 6$

Mme Yoon a encore 6 jetons.

> Pour résoudre ce fait plus important, je peux séparer 12 en 10 et 2, puis distribuer les 4. J'ai choisi de séparer les 12 parce que les dizaines de faits sont faciles pour moi.

> Je peux relire la question et voir que ma déclaration n'y répond pas. Cela m'aide à me rappeler qu'il reste une étape à accomplir. Je dois soustraire le nombre de jetons que Mme Yoon donne de son total de jetons pour savoir combien il lui en reste.

Leçon 3 : Partager et commenter les stratégies de solutions de ses pairs pour des problèmes divers.

Nom _____ Date _____

Utilise le processus LDE pour résoudre les problèmes ci-dessous. Utilise une lettre pour représenter l'inconnue dans chaque problème.

1. Jerry verse 86 millilitres d'eau dans 8 minuscules béchers. Il mesure une quantité d'eau identique dans les 7 premiers béchers. Il verse le reste d'eau dans le huitième bécher. Il mesure 16 millilitres. Combien de millilitres d'eau y a-t-il dans les 7 premiers béchers ?

2. Les élèves de CE2 de M. Chavez vont au cours de gym à 11:15. Les élèves font un circuit de trois activités qui durent 8 minutes chacune. Le déjeuner commence à 12:00. Combien de minutes y a-t-il entre la fin du cours de gym et le début du déjeuner ?

3. Une boîte contient 100 stylos. Dans chaque boîte il y a 38 stylos noirs et 42 stylos bleus. Les autres sont verts. M. Cane achète 6 boîtes de stylos. Combien de stylos verts a-t-il au total ?

4. Greg a $56. Tom a $17 de plus que Greg. Jason a $8 de moins que Tom.

   a. Combien Jason a-t-il ?

   b. Quelle somme d'argent les 3 garçons ont-ils au total ?

5. Laura coupe 64 pouces (64 in) de ruban en deux parties et en donne une à sa maman. La partie de Laura fait 28 pouces (28 in) de long. Sa maman coupe son ruban en 6 morceaux égaux. Quelle est la longueur d'un des morceaux de ruban de sa maman ?

1. Complète le tableau en répondant par vrai ou par faux.

Attribut	Polygone	Vrai ou Faux
Exemple : 3 Côtés	(triangle)	Vrai
Quadrilatère	(forme en flèche)	*Vrai*
2 paires de côtés parallèles	(trapèze)	*Faux*

Cela est vrai. Cette forme a quatre côtés et quatre angles. Je sais que les polygones à quatre côtés droits et quatre angles sont appelés quadrilatères.

Ça c'est faux. Cette forme n'a qu'un seul pair de côtés parallèles. Je peux penser à des côtés parallèles comme les deux lignes latérales d'un H majuscule, ou d'un H incliné, puisque tous les côtés parallèles ne sont pas verticaux. Même si les deux lignes se poursuivent indéfiniment, elles ne se croiseront jamais.

2. Utilise une règle pour dessiner 2 quadrilatères différents avec au moins 1 paire de côtés parallèles.

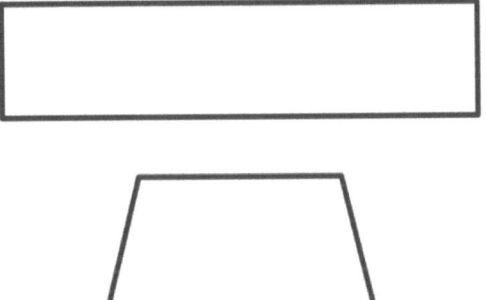

Je peux dessiner un rectangle avec 2 paires de côtés parallèles et un trapèze avec 1 série de côtés parallèles.

Leçon 4 : Comparer et classer des quadrilatères.

Nom _____   Date _____

1. Complète le tableau en répondant par vrai ou par faux.

Attribut	Polygone	Vrai ou Faux
Exemple : 3 côtés	(triangle)	Vrai
4 côtés	(quadrilatère allongé)	
2 paires de côtés parallèles	(parallélogramme)	
4 angles droits	(losange)	
Quadrilatère	(carré)	

2. a. Chaque quadrilatère ci-dessous a au moins 1 paire de côtés parallèles. Trace chaque paire de côtés parallèles avec un crayon de couleur.

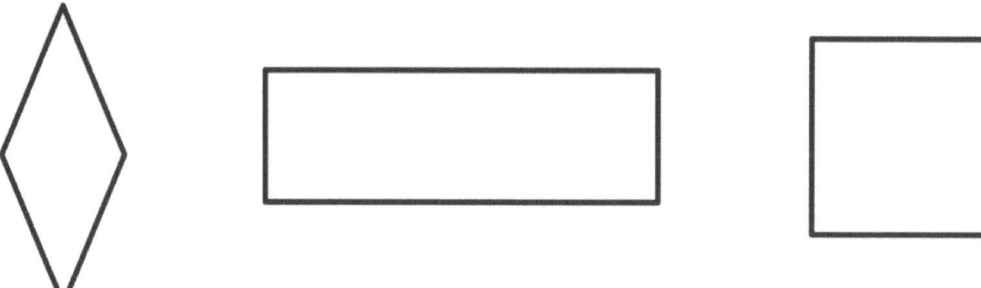

b. À l'aide d'une règle, dessine un quadrilatère différent avec au moins 1 paire de côtés parallèles.

UNE HISTOIRE D'UNITÉS   Leçon 5 Aide aux devoirs   3•7

1. Relie les polygones aux banderoles appropriées. Un polygone peut aller avec plus d'une banderole.

Un polygone ayant tous les mêmes côtés et tous les mêmes angles est appelé un polygone régulier.

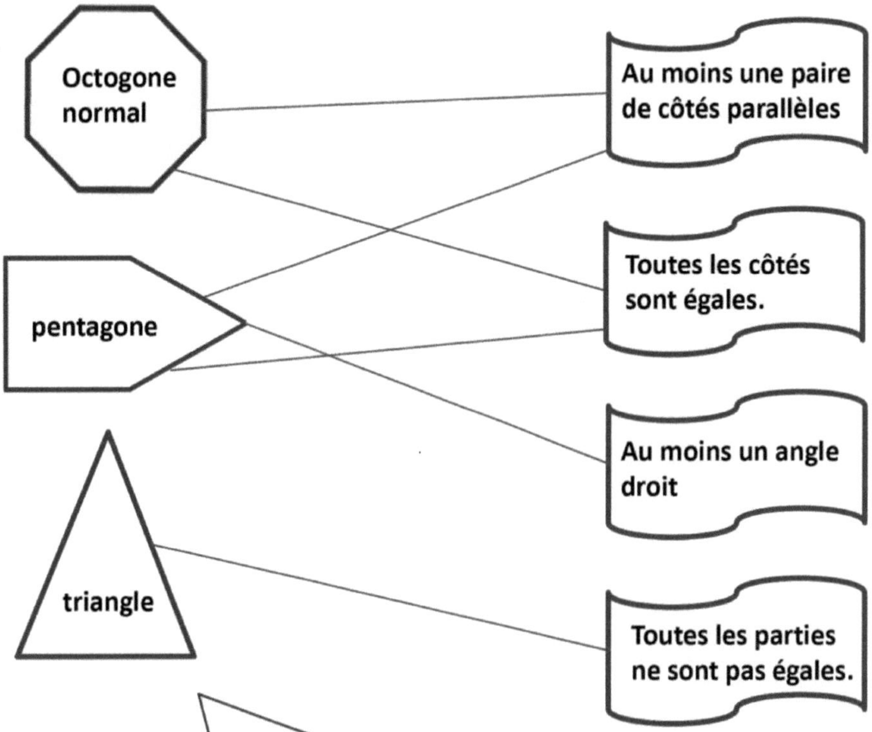

Octogone normal

Au moins une paire de côtés parallèles

Ce pentagone a tous les côtés égaux. Je peux vérifier à l'aide d'une règle. Mais je sais que tous les angles ne sont pas égaux. Il a deux angles droits, mais l'angle à droite est plus petit qu'un angle droit. Ce pentagone ne peut donc pas être un pentagone ordinaire.

pentagone

Toutes les côtés sont égales.

Au moins un angle droit

triangle

Toutes les parties ne sont pas égales.

Je remarque que ce triangle ne correspond qu'à un seul attribut. Elle n'a pas tous les mêmes côtés ni tous les mêmes angles. Je peux vérifier en utilisant une règle et un outil à angle droit pour mesurer les côtés et les angles. Je vois aussi qu'il n'a pas un angle droit ni des côtés parallèles.

Leçon 5 :   Comparer et classer d'autres polygones.   187

2. Compare les deux polygones ci-dessous. Qu'est-ce qui est semblable ? Qu'est-ce qui est différent ?

 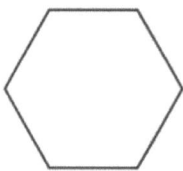

Ces polygones portent le même nom mais ont une apparence très différente.

Les deux polygones ont 6 côtés, donc ce sont tous les deux des hexagones. L'hexagone de droite est un hexagone régulier parce qu'il a tous les côtés et angles égaux. L'hexagone de gauche n'a pas tous les côtés et angles égaux, donc ce n'est pas un hexagone régulier.

3. David dessine les polygones ci-dessous. Y a-t-il des polygones réguliers ? Explique comment tu le sais.

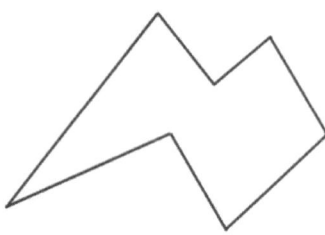  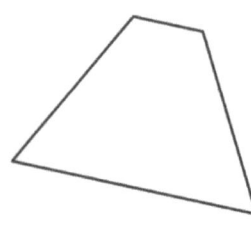

Aucun des polygones de David n'est un polygone régulier. Je le sais parce que j'ai mesuré les côtés et les angles de chaque forme avec ma règle et mon équerre, et aucune de ces formes n'a tous les côtés égaux ni tous les angles égaux.

Mon outil à angle droit est le coin d'une fiche. L'utilisation de mes outils de mesure m'aide à être précis.

Nom _____ Date _____

1. Relie les polygones à leur nuage approprié. Un polygone peut aller avec plus d'1 nuage.

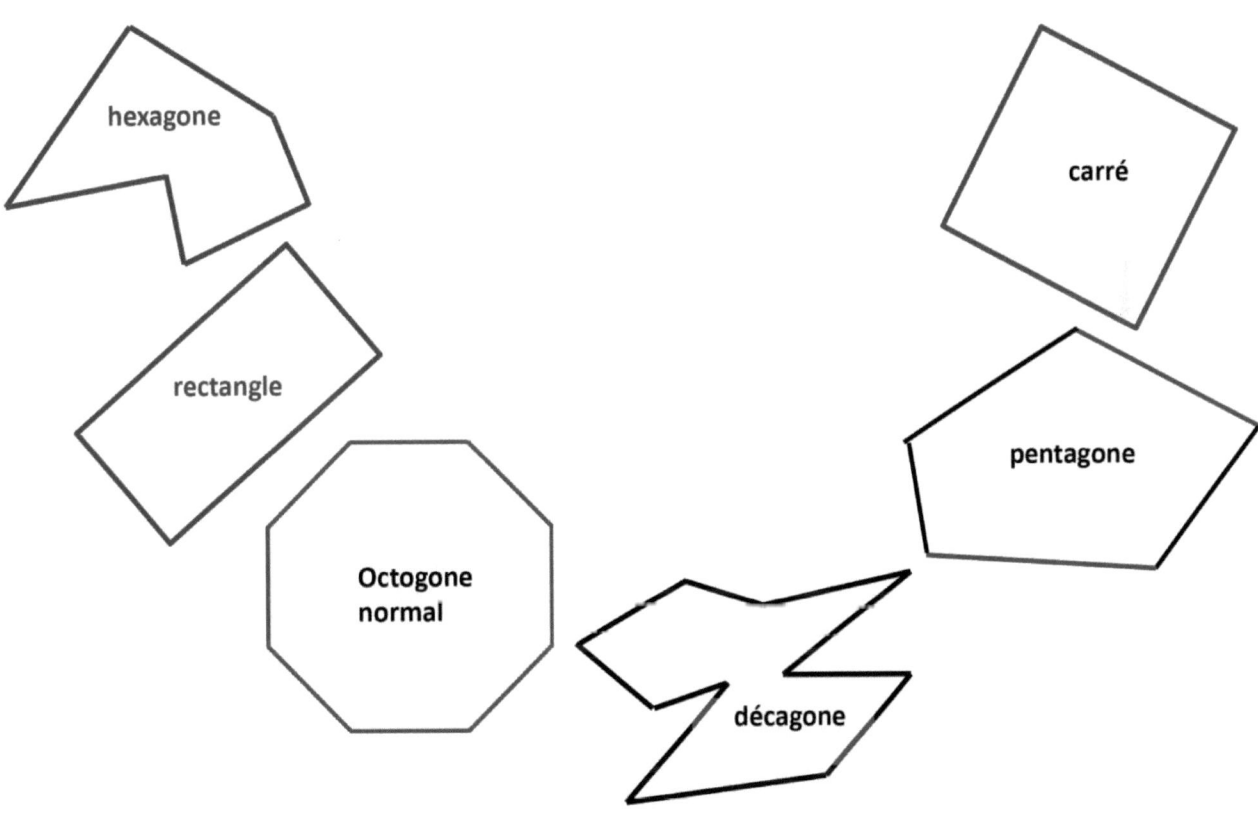

2. Les deux polygones ci-dessous sont des polygones réguliers. En quoi ces polygones sont-ils semblables ? En quoi sont-ils différents ?

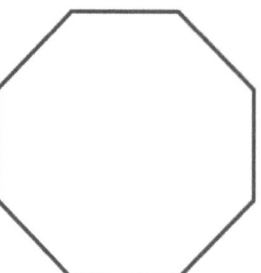
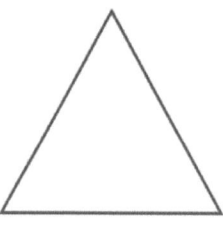

3. Lucia a dessiné les polygones ci-dessous. Y a-t-il des polygones réguliers dans les polygones qu'elle a dessinés ? Explique comment tu le sais.

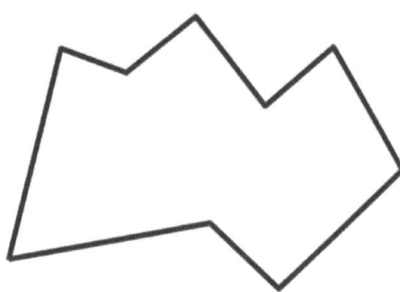

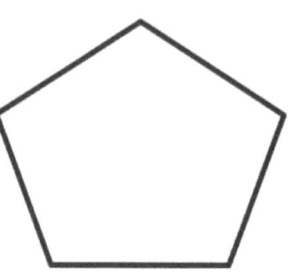

| UNE HISTOIRE D'UNITÉS | Leçon 6 Aide aux devoirs 3•7 |

Utilise une règle et une équerre pour t'aider à dessiner les figures avec les attributs donnés ci-dessous.

1. Dessine un triangle avec tous les côtés égaux.

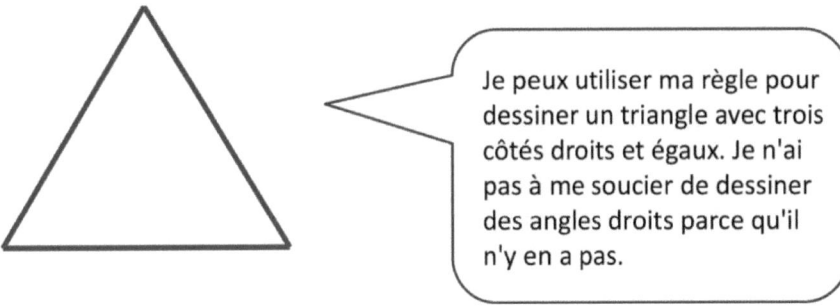

2. Dessine un quadrilatère avec au moins 1 paire de côtés parallèles et au moins 1 angle droit. Marque l'angle droit et les côtés parallèles.

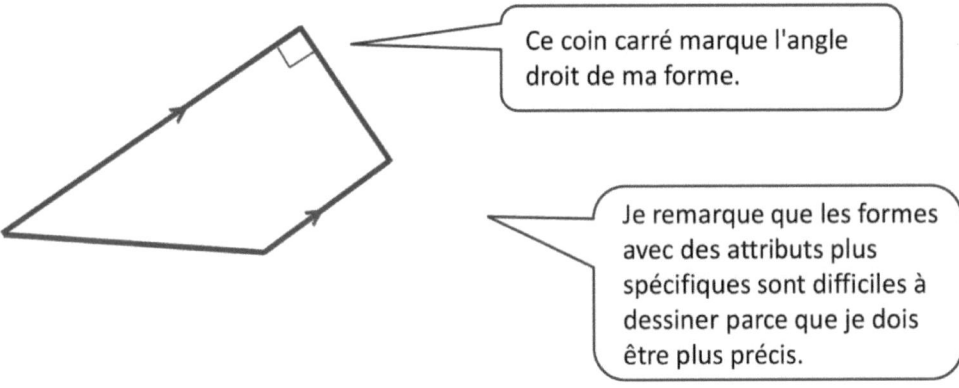

3. Melissa dit qu'elle a dessiné un polygone avec 4 côtés et 4 angles droits sans côtés parallèles. Melissa peut-elle avoir raison ?

   Melissa ne peut pas avoir raison parce qu'il n'y a pas de quadrilatère avec 4 angles droits et aucun côtés parallèles. Seuls les rectangles et les carrés ont 4 côtés et 4 angles droits, mais ils ont tous les deux 2 paires de côtés parallèles.

Leçon 6 : Dessiner des polygones avec des attributs spécifiques pour résoudre des problèmes.

Nom _____ Date _____

Utilise une règle et une équerre pour t'aider à dessiner les figures avec les attributs donnés ci-dessous.

1. Dessine un triangle qui n'a pas d'angle droit.

2. Dessine un quadrilatère qui a au moins 2 angles droits.

3. Dessine un quadrilatère avec 2 côtés égaux. Étiquette les 2 côtés de même longueur de ta forme.

Leçon 6 : Dessiner des polygones avec des attributs spécifiques pour résoudre des problèmes.

4. Dessine un hexagone avec au moins 2 côtés égaux. Étiquette les 2 côtés de même longueur de ta forme.

5. Dessine un pentagone avec au moins 2 côtés égaux. Étiquette les 2 côtés de même longueur de ta forme.

6. Cristina décrit sa forme. Elle dit qu'elle a 3 côtés égaux qui font chacun 4 centimètres de longueur. Elle n'a pas d'angle droit. Fais de ton mieux pour dessiner la forme de Cristina, et étiquette les longueurs des côtés.

UNE HISTOIRE D'UNITÉS Leçon 7 Aide aux devoirs 3•7

> Les instructions m'indiquent que la superficie de chaque carré doit être de 16 unités carrées. Je peux calculer le nombre de tétrominos dont j'aurai besoin en divisant, 16 unités carrées ÷ 4 unités carrées = 4. Je devrai utiliser 4 tétrominos pour chaque carré.

1. Utilise des tétrominos pour créer trois carrés, chacun avec une aire de 16 unités carrées. Ensuite, colorie la grille ci-dessous pour montrer comment tu as créé tes carrés. Tu peux utiliser le même tétromino plus d'une fois.

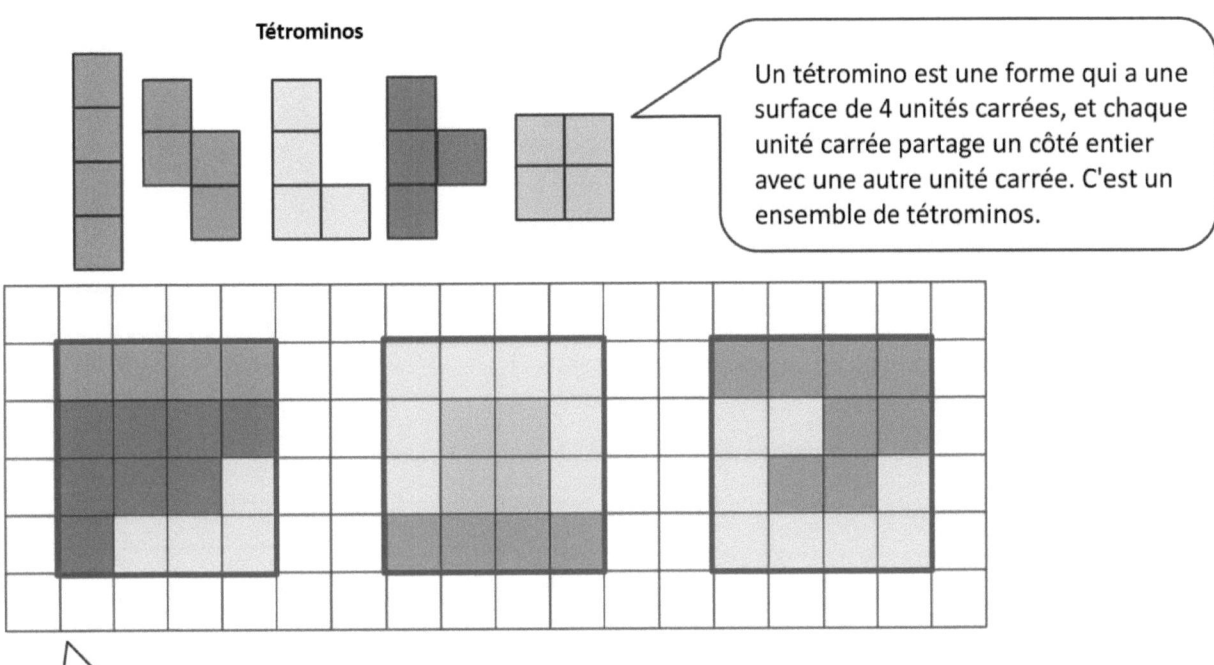

Tétrominos

> Un tétromino est une forme qui a une surface de 4 unités carrées, et chaque unité carrée partage un côté entier avec une autre unité carrée. C'est un ensemble de tétrominos.

> Une stratégie que je peux utiliser pour m'aider à faire un carré d'une superficie de 16 unités carrées consiste d'abord à marquer un carré de 4 par 4 sur la grille. Cela me permettra de m'assurer que mon carré a la bonne superficie. Ensuite, je peux construire le carré avec les tétrominos. Parfois, j'aurai besoin de tourner ou de retourner mes tétrominos pour construire ma forme.

> Je peux vérifier que mes formes sont des carrés en comptant le nombre d'unités carrées de chaque côté et en m'assurant qu'elles sont toutes égales. Je peux aussi utiliser mon outil d'angle droit pour m'assurer que chaque forme a 4 angles droits.

Leçon 7 : Réfléchir à la composition et à la décomposition de polygones en utilisant les tétronimos.

195

UNE HISTOIRE D'UNITÉS   Leçon 7 Aide aux devoirs   3•7

2. Explique comment tu sais que l'aire de chaque carré est de 16 unités carrées.

   Je sais que l'aire de chaque carré est 16 unités carrées parce que j'ai utilisé 4 tétrominos pour faire chaque carré. Chaque tétromino a une aire de 4 unités carrées, et 4 × 4 unités carrées = 16 unités carrées.

   a. Écris une phrase numérique pour montrer l'aire d'un carré du Problème 1 comme la somme des aires des tétrominos que tu as utilisés pour faire le carré.

      Aire : 4 unités carrées + 4 unités carrées + 4 unités carrées + 4 unités carrées = 16 unités carrées

   b. Écris une phrase numérique pour montrer l'aire du carré ci-dessus comme le produit des longueurs de ses côtés.

      Aire : 4 unités × 4 unités = 16 unités carrées

   > Je sais que la longueur des côtés est mesurée en unités de longueur et que l'aire est indiquée en unités carrées.

   > Les instructions me disent d'écrire une phrase numérique montrant l'aire du carré comme la somme des aires des tétrominos, donc je sais que chacun de mes termes est étiqueté en unités carrées.

Leçon 7 : Réfléchir à la composition et à la décomposition de polygones en utilisant les tétronimos.

Nom _____ Date _____

1. Colorie les tétrominos sur la grille pour créer trois rectangles différents. Tu peux utiliser le même tétromino plus d'une fois.

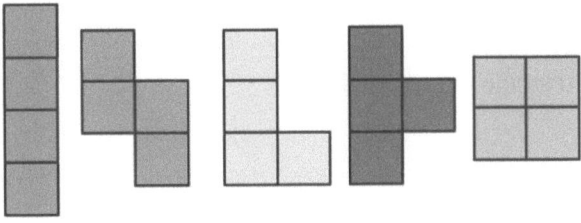

Tétrominos

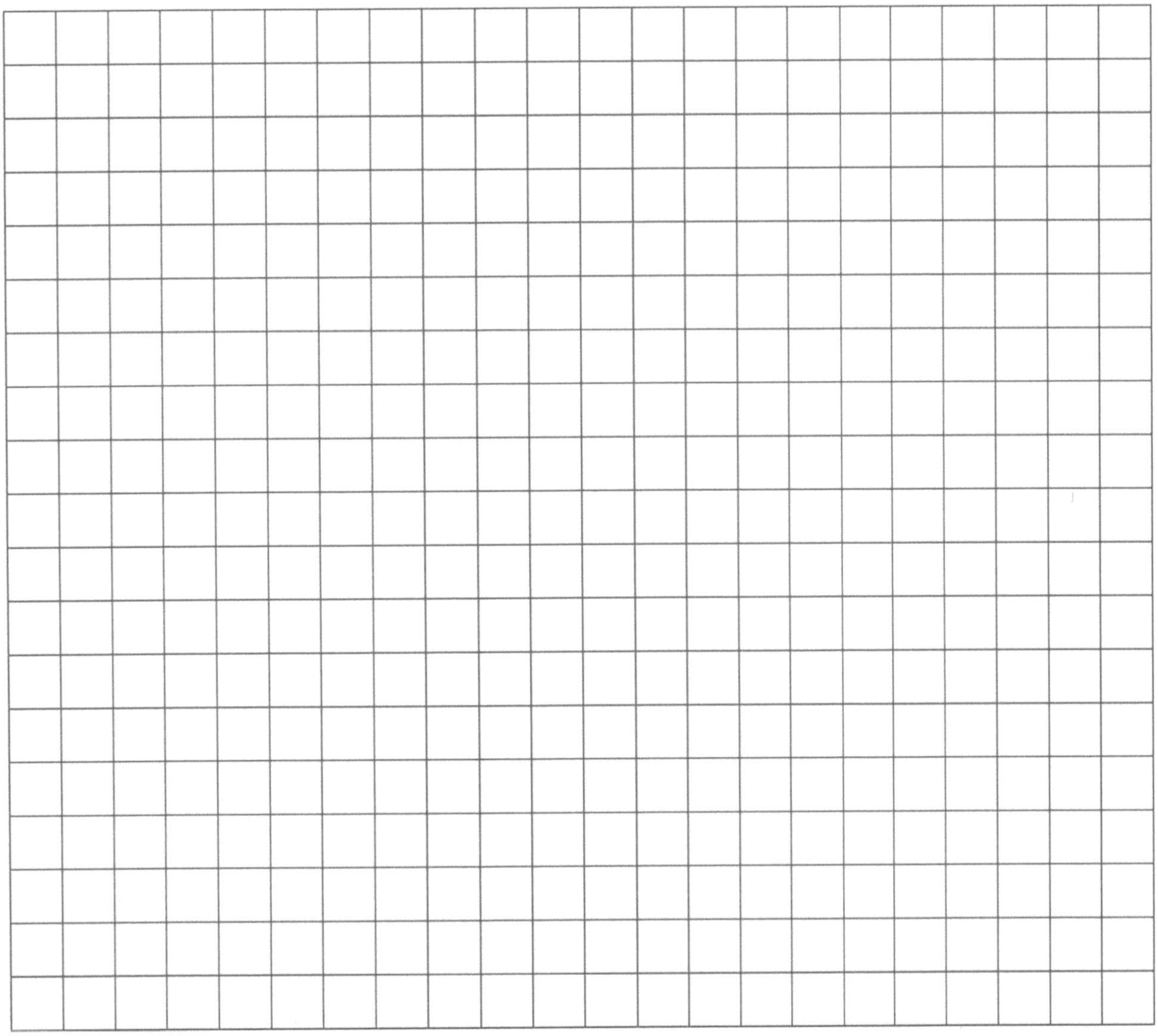

Leçon 7 : Réfléchir à la composition et à la décomposition de polygones en utilisant les tétronimos.

2. Colorie les tétrominos sur la grille ci-dessous :

   a. Crée un carré avec une aire de 16 unités carrées.

   b. Crée au moins deux rectangles différents, chacun avec une aire de 24 unités carrées.

   Tu peux utiliser le même tétromino plus d'une fois.

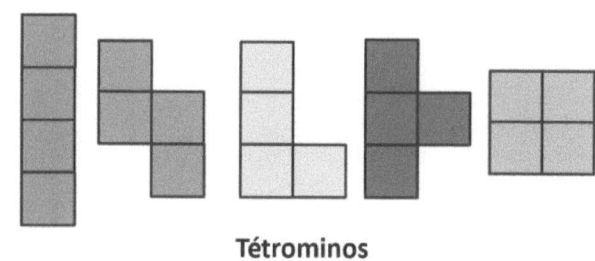

Tétrominos

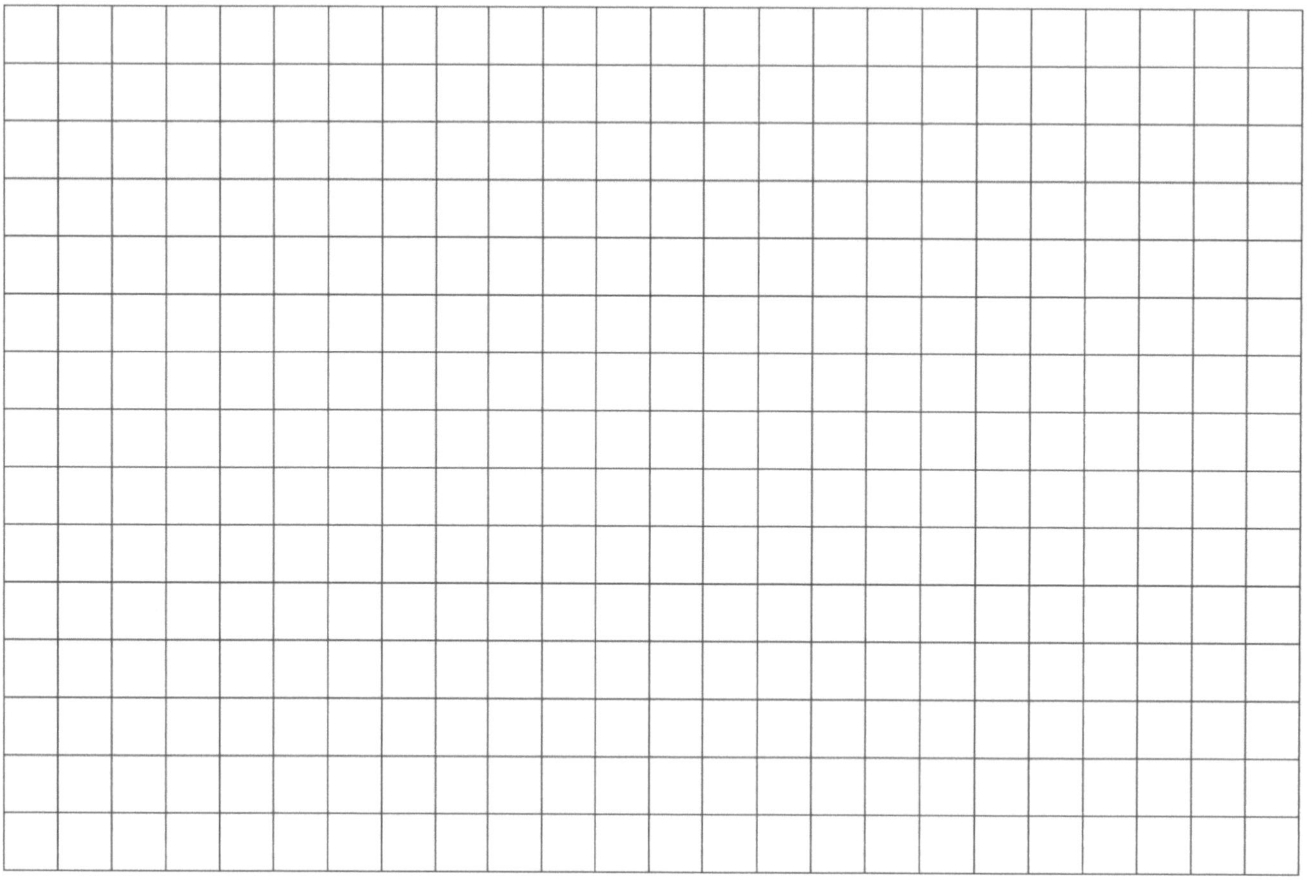

3. Explique comment tu sais que les rectangles que tu as créés au problème 2(b) ont l'aire correcte.

1. Trace une ligne pour diviser le rectangle ci-dessous en 2 triangles égaux.

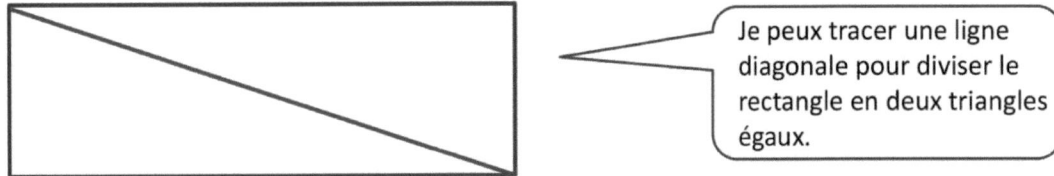

Je peux tracer une ligne diagonale pour diviser le rectangle en deux triangles égaux.

2. Trace 2 lignes pour diviser le quadrilatère ci-dessous en 4 triangles égaux.

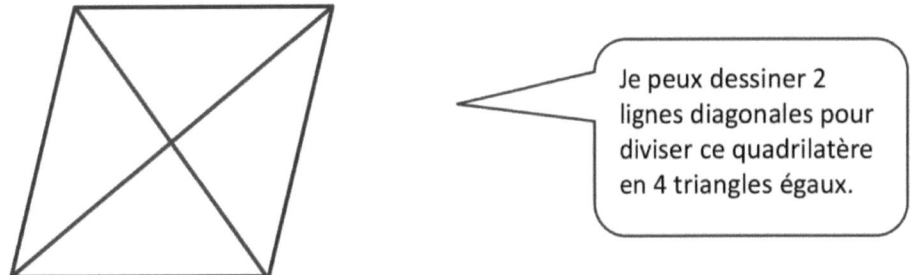

Je peux dessiner 2 lignes diagonales pour diviser ce quadrilatère en 4 triangles égaux.

3. Choisis trois formes dans ton tangram. Trace-les ci-dessous. Décris *au moins* un attribut qu'elles ont en commun.

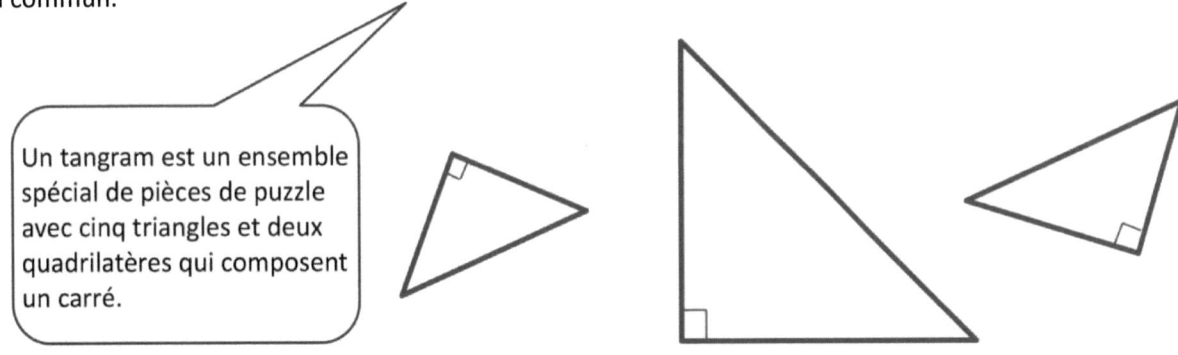

Un tangram est un ensemble spécial de pièces de puzzle avec cinq triangles et deux quadrilatères qui composent un carré.

Les trois formes sont des triangles. Elles ont toutes 1 angle droit et 3 côtés. Aucun des triangles n'a de côtés parallèles.

Leçon 8 : Créer un tangram et observer les rapports entre les formes.

Nom _____ Date _____

1. Trace une ligne pour diviser le carré ci-dessous en 2 triangles égaux.

2. Trace une ligne pour diviser le triangle ci-dessous en 2 triangles égaux plus petits.

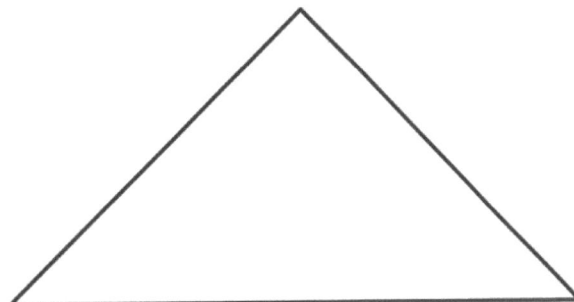

3. Trace une ligne pour diviser le trapèze ci-dessous en 2 trapèzes égaux.

Leçon 8 : Créer un tangram et observer les rapports entre les formes.

4. Trace 2 lignes pour diviser le quadrilatère ci-dessous en 4 triangles égaux.

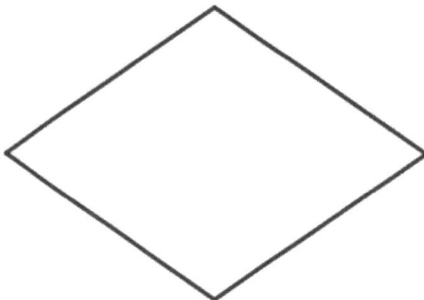

5. Trace 4 lignes pour diviser le carré ci-dessous en 8 triangles égaux.

6. Décris les étapes que tu as suivies pour diviser le carré du problème 5 en 8 triangles égaux.

1. Utilise tes deux triangles les plus petits pour créer un triangle, un parallélogramme, et un carré. Montre comment tu les as créés ci-dessous.

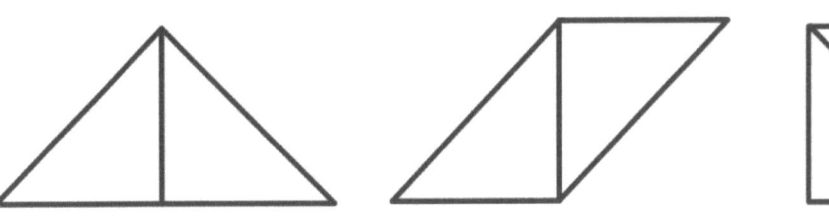

Je sais que lorsque je crée des formes avec mes pièces de tangram, elles ne peuvent pas avoir de trous ou de chevauchements.

2. Utilise au moins deux pièces de tangram pour faire et dessiner autant de polygones à 4 côtés que tu peux. Trace des lignes pour montrer où les pièces de tangram se rejoignent.

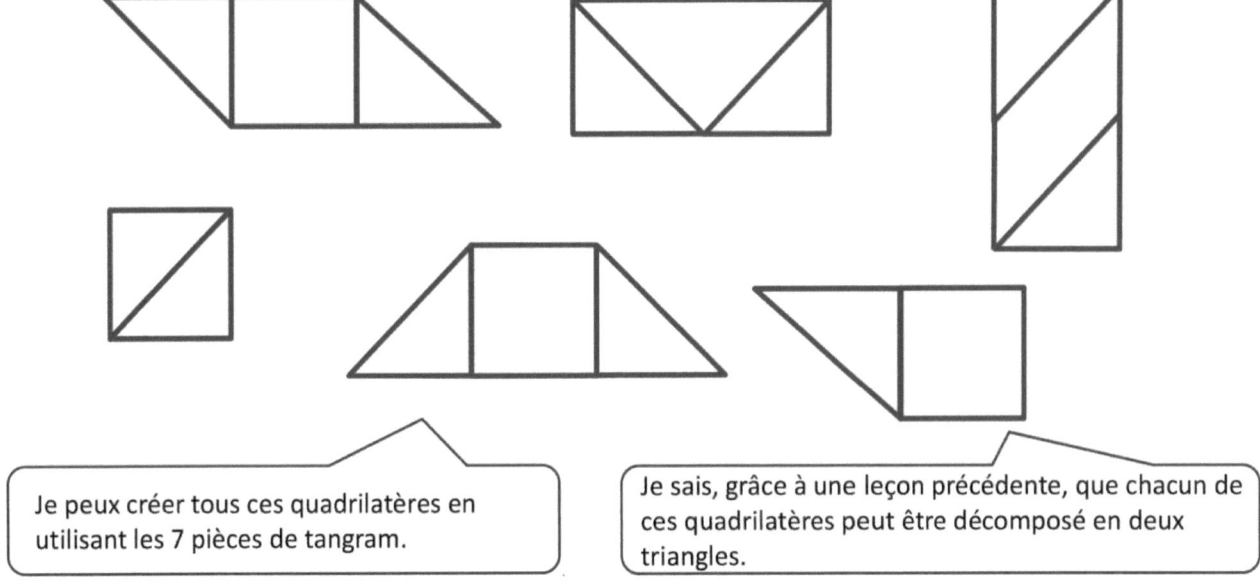

Je peux créer tous ces quadrilatères en utilisant les 7 pièces de tangram.

Je sais, grâce à une leçon précédente, que chacun de ces quadrilatères peut être décomposé en deux triangles.

3. Quels attributs les formes du problème 2 ont-elles en commun ? Quels attributs sont différents ?

Toutes les formes que j'ai faites au Problème 2 sont des quadrilatères parce qu'ils ont 4 côtés. Elles ont toutes au moins 1 paire de lignes parallèles et 4 angles. Toutes mes formes n'ont pas les côtés égaux ou des angles droits. C'est ce qui les rend différents.

Nom _____ Date _____

1. Utilise au moins deux pièces de tangram pour faire et dessiner chacune des formes suivantes. Trace des lignes pour montrer où les pièces de tangram se rejoignent.

   a. Un triangle.

   b. Un carré.

   c. Un parallélogramme.

   d. Un trapèze.

2. Utilise tes pièces de tangram pour créer un chat ci-dessous. Trace des lignes pour montrer où les pièces de tangram se rejoignent.

3. Utilise les cinq pièces les plus petites du tangram pour faire un carré. Dessine ton carré ci-dessous, et trace des lignes pour montrer où les pièces du tangram se rejoignent.

UNE HISTOIRE D'UNITÉS | Leçon 10 Aide aux devoirs | 3•7

1. Trace le périmètre des formes ci-dessous avec une pastelle noire. Ensuite, colorie les aires avec une pastelle bleue.

2. Explique comment tu as tracé les périmètres des formes ci-dessus. Quelle est la différence entre le périmètre et l'aire d'une forme ?

   Je sais que j'ai tracé les périmètres des formes parce que j'ai tracé la limite de chaque forme avec une pastelle noire, et la limite c'est le périmètre. L'aire d'une forme c'est différent du périmètre. L'aire mesure la quantité d'espace que la forme prend. J'ai colorié les aires des formes en bleu.

3. Explique comment tu pourrais utiliser une ficelle pour trouver quelle forme ci-dessus a le périmètre le plus grand.

   Je peux faire le tour de chaque forme avec la ficelle et marquer où est l'extrémité après avoir fait tout le tour de la limite de la forme. Ensuite je peux comparer toutes les marques, et la forme ayant la marque la plus éloignée sur la ficelle est celle qui a le plus grand périmètre.

Leçon 10 : Décomposer les quadrilatères pour comprendre le périmètre comme la limite d'une forme.

Nom _____   Date _____

1. Trace le périmètre des formes ci-dessous.

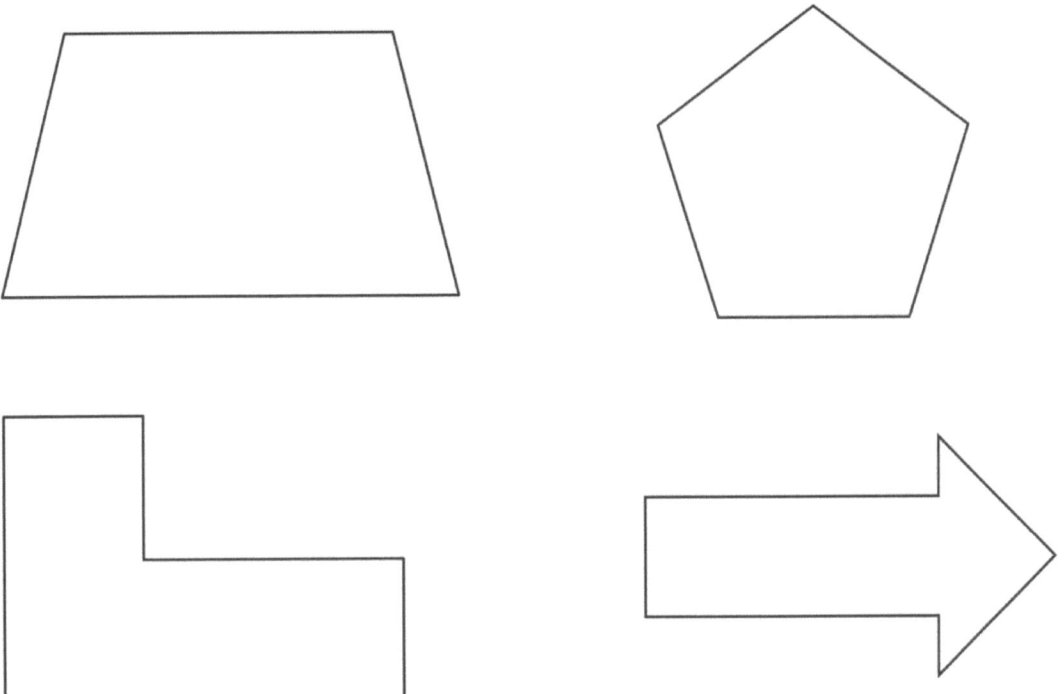

   a. Explique comment tu as tracé les périmètres des formes ci-dessus.

   b. Explique comment tu pourrais utiliser une ficelle pour trouver quelle forme ci-dessus a le périmètre le plus grand.

2. Dessine un rectangle sur la grille ci-dessous.

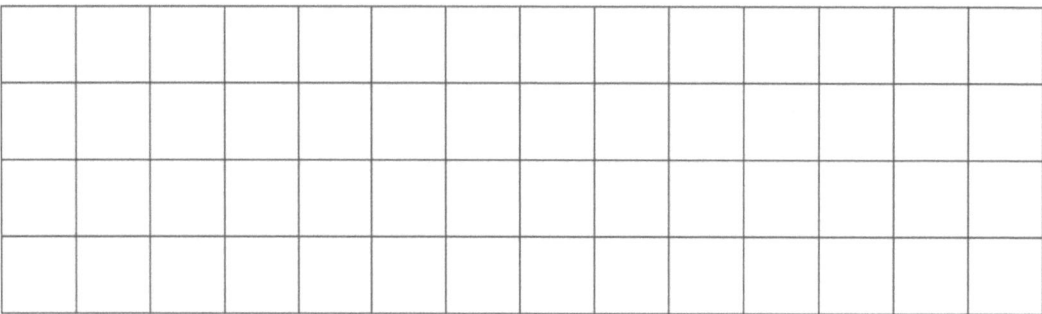

   a. Trace le périmètre du rectangle.
   b. Grise l'aire du rectangle.
   c. Comment le périmètre du rectangle est-il différent de l'aire du rectangle ?

3. Maya dessine la forme illustrée ci-dessous. Noah colorie l'intérieur de la forme de Maya tel qu'indiqué. Noah dit qu'il a colorié le périmètre de la forme de Maya. Maya dit que Noah a colorié l'aire de sa forme. Qui a raison ? Explique ta réponse.

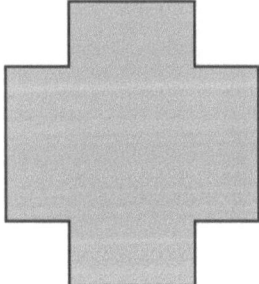

1. Brian pave un parallélogramme pour faire la forme ci-dessous.

   Une tessellation est une figure créée en copiant plusieurs fois une forme sans aucun trou ni chevauchement.

   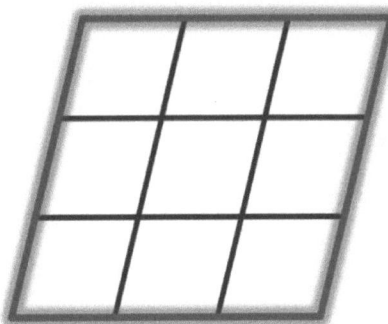

   a. Trace le contour du périmètre de la nouvelle forme de Brian avec un surligneur.

   b. Nomme quelques attributs de sa nouvelle forme.

      La nouvelle forme de Brian est un quadrilatère parce qu'elle a 4 côtés. Elle a 2 paires de lignes parallèles et 4 angles, mais pas d'angles droits. Brian a créé un grand parallélogramme à partir de parallélogrammes plus petits.

   c. Explique comment Brian pourrait utiliser une ficelle pour mesurer le périmètre de sa nouvelle forme.

      Brian pourrait faire le tour de sa forme avec la ficelle en suivant la limite et marquer où la ficelle touche son extrémité. Ensuite, il pourrait mesurer jusqu'à la marque sur la ficelle avec une règle.

   d. Comment Brian peut-il augmenter le périmètre de son pavage ?

      Brian pourrait augmenter le périmètre de son pavage en pavant plus de formes. S'il pave une autre rangée ou colonne de formes, cela va augmenter le périmètre.

      Je remarque que le périmètre de la figure augmente avec chaque tessellation et diminue avec l'enlèvement ou l'effacement des tessellations. Je sais que les tessellations pourraient durer éternellement, même au-delà de mon papier !

2. Fais une estimation pour dessiner au moins quatre copies du pentagone donné pour faire une nouvelle forme sans espaces ni chevauchements. Trace le contour du périmètre de ta nouvelle forme avec un surligneur.

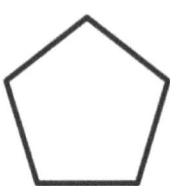

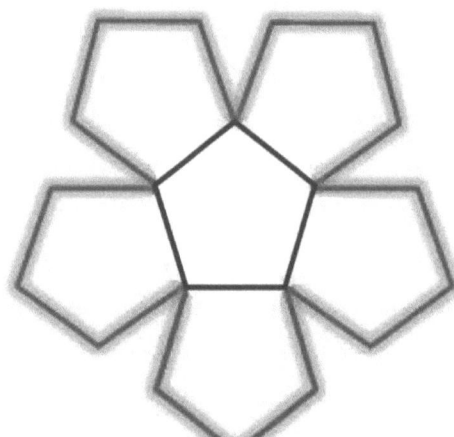

> Si mes pavages ont des chevauchements ou des trous, les formes n'entreraient pas ensemble et le périmètre ne serait pas précis.

3. Les marques sur les ficelles ci-dessous montrent les périmètres des formes de Nancy et d'Allen. Qui a la forme avec le plus grand périmètre ? Comment le sais-tu ?

   Ficelle de Nancy :

   Ficelle d'Allen :

La forme de Nancy a un périmètre plus grand. La marque sur la ficelle représente le périmètre de sa forme, et elle est plus loin que la marque d'Allen.

> C'est comme la façon dont je compare les nombres sur la ligne numérique. Je peux prétendre que la fin de la ficelle est comme un zéro sur la ligne numérique. La marque d'Allen se trouve à gauche de celle de Nancy, donc celle d'Allen est plus petite parce qu'elle est à une distance plus courte de 0.

Nom _____ Date _____

1. Samson pave des hexagones réguliers pour faire la forme ci-dessous.

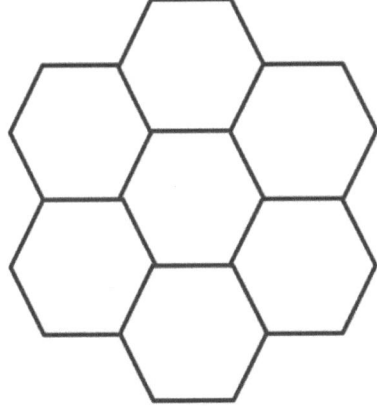

   a. Trace le contour du périmètre de la nouvelle forme de Samson avec un surligneur.

   b. Explique comment Brian pourrait utiliser une ficelle pour mesurer le périmètre de sa nouvelle forme.

   c. Combien de côtés sa nouvelle forme a-t-elle ?

   d. Colorie l'aire de sa nouvelle forme avec un crayon de couleur.

2. Fais une estimation pour dessiner au moins quatre copies du triangle donné pour faire une nouvelle forme, sans espaces ni chevauchements. Trace le contour du périmètre de ta nouvelle forme avec un surligneur. Colorie l'aire avec un crayon de couleur.

3. Les marques sur les ficelles ci-dessous montrent les périmètres des formes de Shyla et de Frank. Qui a la forme avec le plus grand périmètre ? Comment le sais-tu ?

   Ficelle de Shyla :

   Ficelle de Frank :

4. India et Theo utilisent la même forme pour créer les pavages illustrés ci-dessous.

   Pavage d'India   **Pavage de Theo**

   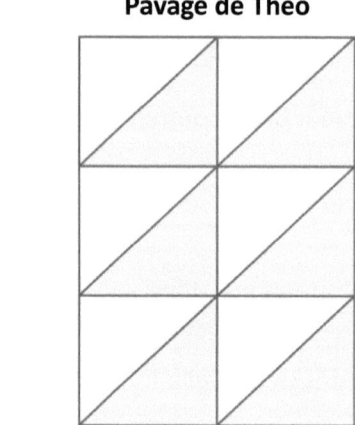

   a. Fais une estimation pour dessiner la forme que India et Theo ont utilisé pour faire leurs pavages.

   b. Theo dit que les deux pavages ont le même périmètre. À ton avis, Theo a-t-il raison ? Pourquoi ou pourquoi pas ?

UNE HISTOIRE D'UNITÉS — Leçon 12 Aide aux devoirs 3•7

1. Mesure et étiquette les longueurs des côtés des formes ci-dessous en centimètres. Ensuite, trouve le périmètre pour chaque forme.

   a.

   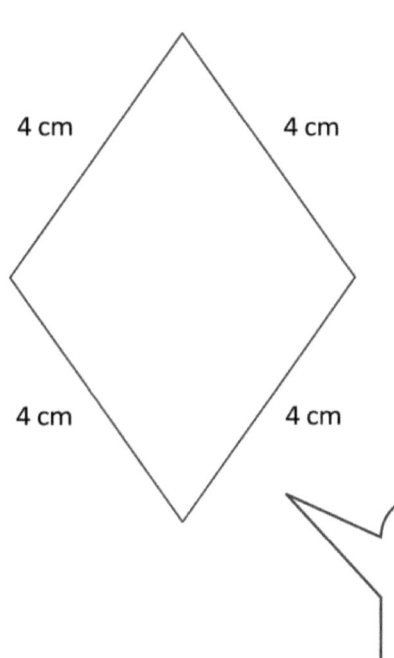

   Je sais que les côtés d'une forme forment la limite, ou le périmètre, de la forme. Je peux utiliser une règle pour mesurer et marquer la longueur des côtés de cette forme en centimètres. Ensuite, je peux additionner toutes les longueurs de côté pour trouver le périmètre.

   Périmètre $= 4\text{ cm} + 4\text{ cm} + 4\text{ cm} + 4\text{ cm}$
   $= 16\text{ cm}$

   Je remarque que cette forme est un quadrilatère avec 4 côtés égaux et aucun angle droit. Cela signifie que c'est un losange !

   Je peux aussi écrire cette phrase mathématique comme suit : 4 x 4 cm = 16 cm.

   b.

   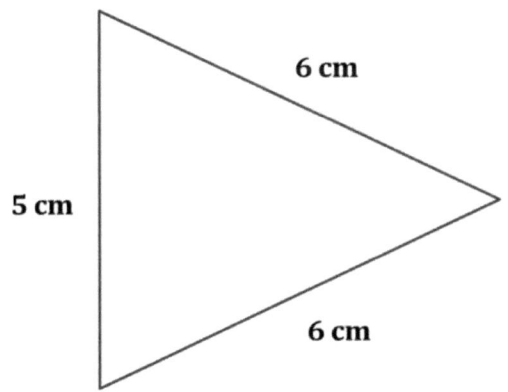

   Périmètre = $5\text{ cm} + 6\text{ cm} + 6\text{ cm}$
   $= 17\text{ cm}$

   Il est important de marquer toutes mes mesures avec la bonne unité.

Leçon 12 : Mesurer les longueurs des côtés en nombres entiers pour déterminer le périmètre d'un polygone.

2. Albert mesure les deux longueurs de côtés du rectangles illustré ci-dessous. Il dit qu'il peut trouver le périmètre avec les mesures. Explique le raisonnement d'Albert. Ensuite, trouve le périmètre en centimètres.

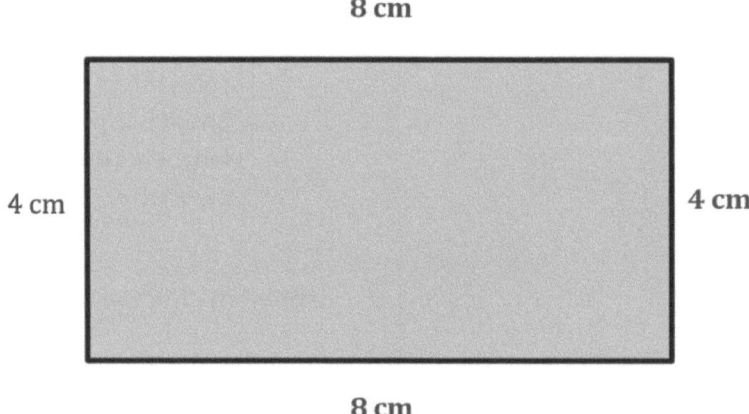

Albert peut trouver le périmètre à l'aide des deux longueurs de côtés qu'il a mesurées parce que les côtés opposés d'un rectangle sont égaux. Étant donné qu'il connaît les longueurs des deux côtés, il connaît les longueurs des deux autres côtés. Maintenant, il peut trouver le périmètre.

Périmètre = 4 cm + 8 cm + 4 cm + 8 cm
= 24 cm

> Je peux aussi considérer ce problème comme 3 huit = 24, ou 12 + 12 = 24.

Le périmètre du rectangle est 24 centimètres

Nom _____   Date _____

1. Mesure et étiquette les longueurs des côtés des formes ci-dessous en centimètres. Ensuite, trouve le périmètre pour chaque forme.

   a.
   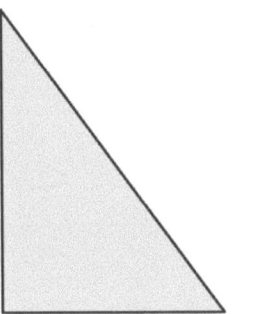

   Périmètre = _____cm + _____cm + _____cm

   = _____ cm

   b.

   Périmètre = _____

   = _____ cm

   c.
   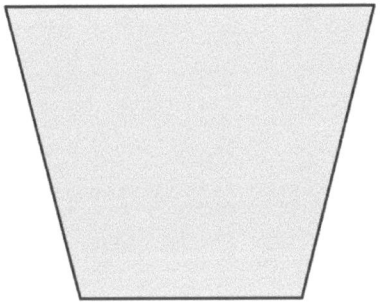

   Périmètre = _____

   = _____ cm

   d.

   Périmètre = _____

   = _____ cm

   e.
   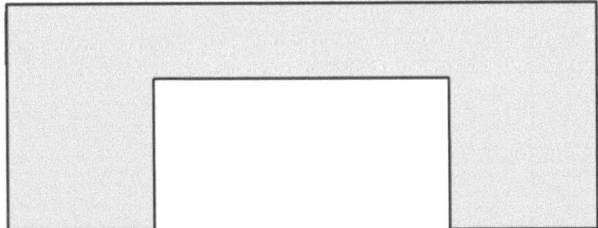

   Périmètre = _____

   = _____ cm

2. Melinda dessine deux trapèzes pour créer l'hexagone illustré ci-dessous. Utilise une règle pour trouver les longueurs des côtés de l'hexagone de Melinda en centimètres. Ensuite, trouve le périmètre.

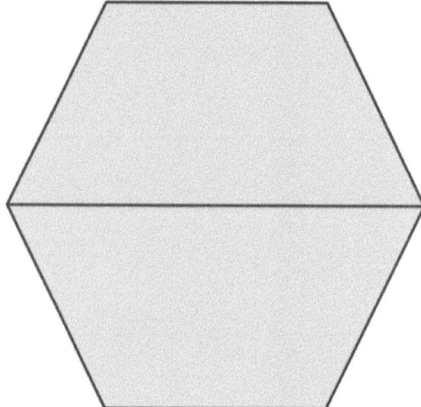

3. Victoria et Eric dessinent les formes illustrées ci-dessous. Eric dit que sa forme a le plus grand périmètre parce qu'elle a plus de côtés que la forme de Victoria. Eric a-t-il raison ? Explique ta réponse.

Forme de Victoria

Forme d'Eric

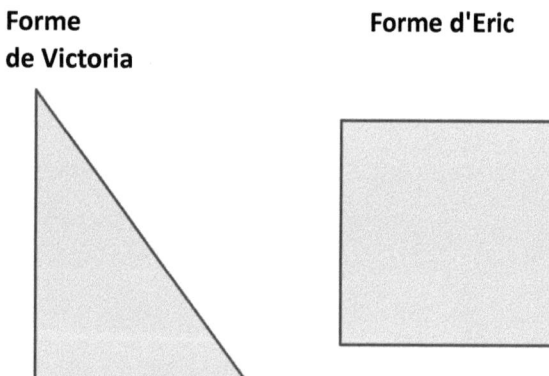

4. Jamal utilise sa règle et une équerre pour dessiner le rectangle illustré ci-dessous. Il dit que le périmètre de son rectangle est de 32 centimètres. Es-tu d'accord avec Jamal ? Pourquoi ou pourquoi pas ?

1. Trouve le périmètre des formes suivantes.

   a.

   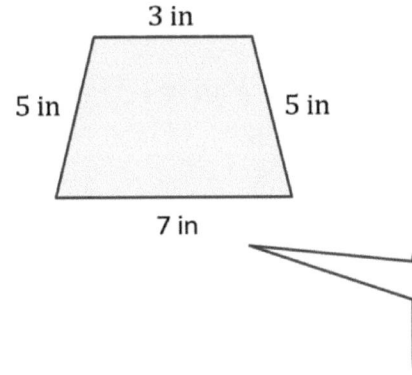

   > Je vois que les longueurs des côtés de chaque forme sont déjà données, je n'ai donc pas besoin de les mesurer. Il ne me reste plus qu'à ajouter les longueurs des côtés pour trouver le périmètre.

   $P = 3\text{ in} + 5\text{ in} + 5\text{ in} + 7\text{ in}$
   $P = 20\text{ in}$

   > Ce quadrilatère comporte une paire de lignes parallèles et aucun angle droit. C'est un trapèze.

   b.

   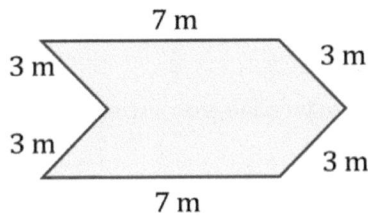

   $P = 3\text{ m} + 3\text{ m} + 7\text{ m} + 3\text{ in} + 7\text{ m} + 3\text{ m}$
   $P = 26\text{ m}$

   > Cette forme a six côtés, c'est donc un hexagone. Ce n'est pas un hexagone régulier car il n'a pas tous les côtés égaux.

   > Je remarque que chaque forme utilise des unités de mesure différentes. Je dois veiller à marquer correctement mes mesures et leurs unités.

Leçon 13 : Explorer le périmètre en tant qu'attribut de figure plane et résoudre des problèmes.

2. Le jardin rectangulaire d'Allyson fait 31 pieds (31 ft) de long et 49 pieds (49 ft) de large. Quel est le périmètre du jardin d'Allyson ?

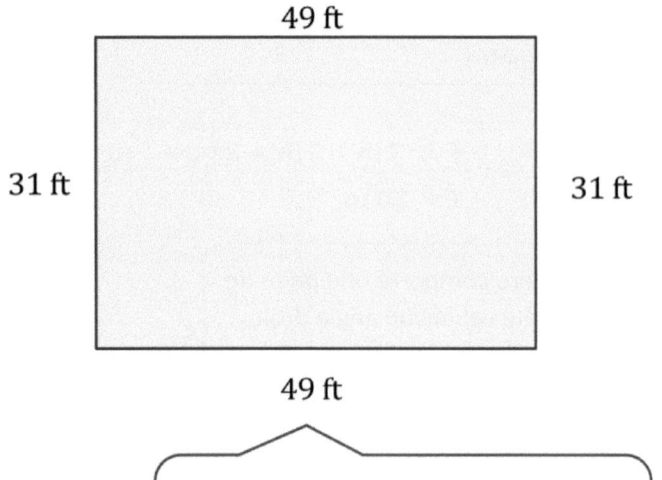

$P = 31 \text{ ft} + 49 \text{ ft} + 31 \text{ ft} + 49 \text{ ft}$

$P = 160 \text{ ft}$

Je connais la longueur des deux autres côtés parce que les côtés opposés d'un rectangle sont égaux.

Je peux utiliser le calcul mental pour résoudre. Je considère ce problème comme un problème de 30 ft + 50 ft + 30 ft + 50 ft puisque 1 moins de 31 est 30 et 1 plus de 49 est 50. 50 ft + 50 ft = 100 ft. Ensuite, il me suffit d'ajouter 60 ft de plus car 30 ft + 30 ft = 60 ft.

Le périmètre du jardin d'Allyson est de 160 pieds (160 ft).

Nom _____ Date _____

1. Trouve les périmètres des formes ci-dessous. Inclus les unités dans tes équations. Relie la lettre à l'intérieur de chaque forme à son périmètre pour résoudre l'énigme. Le premier a été fait pour toi.

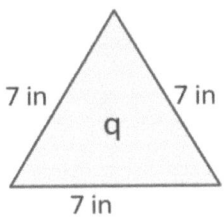

P = 7 in + 7 in + 7 in

P = 21 in

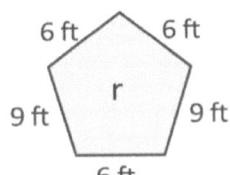

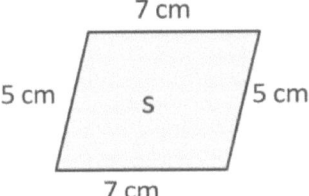

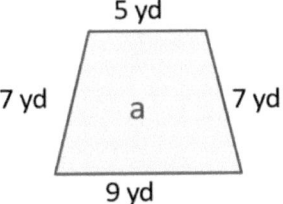

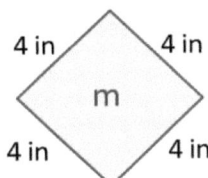

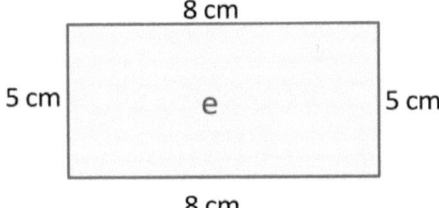

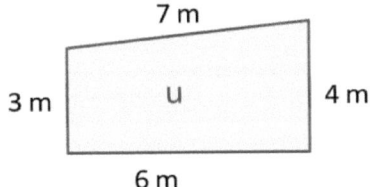

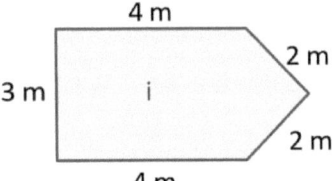

Quel genre de repas les profs de math mangent-ils ?

___ ___ ___ ___ ___ ___ ___   ___ ___ ___ ___ ___ !
24 21 20 28 36 26   16 26 28 15 24

2. Le jardin rectangulaire d'Alicia fait 33 pieds (33 ft) de long et 47 pieds (47 ft) de large. Quel est le périmètre du jardin d'Alicia ?

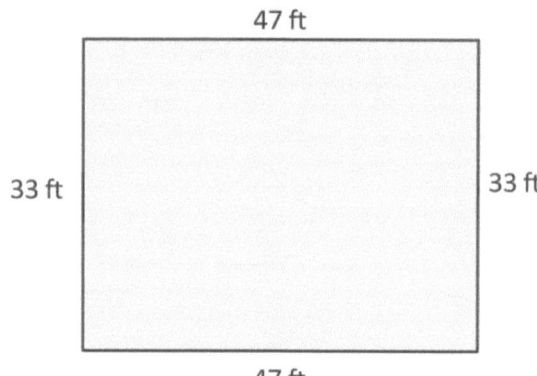

3. Jaques mesure les longueurs de côtés de la forme ci-dessous.

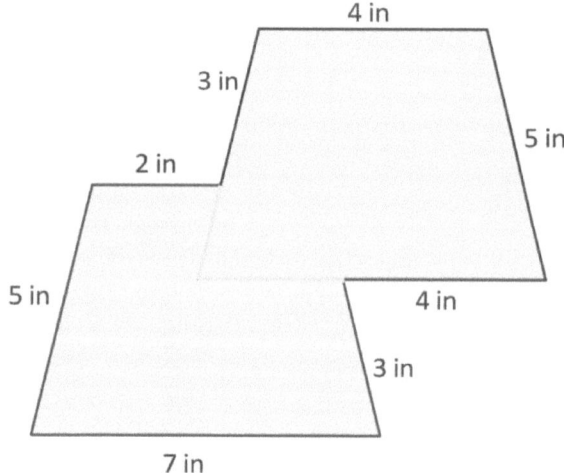

a. Trouve le périmètre de la forme de Jaques.

b. Jaques dit que sa forme est un octagone. A-t-il raison ? Pourquoi ou pourquoi pas ?

Leçon 14 Aide aux devoirs 3•7

1. Étiquette les longueurs de côtés inconnues des formes régulières ci-dessous. Ensuite, trouve le périmètre de chaque forme.

   a.

   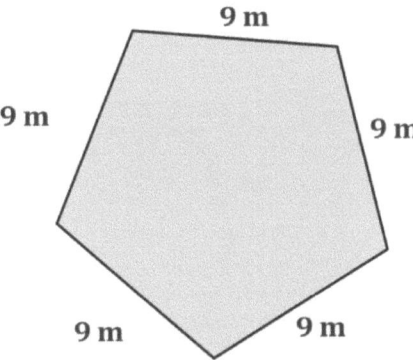

   Périmètre = 5 x 9 m = 45 m

   > Comme cette forme est un pentagone ordinaire, je sais que toutes les longueurs des côtés sont égales. Ainsi, chacun des 5 côtés mesure 9 m.

   > Je peux écrire une phrase d'addition répétée pour trouver le périmètre, mais une phrase de multiplication est plus efficace. Je peux écrire 5 x 9 m. 5 représente le nombre de côtés, et 9 m est la longueur de chaque côté.

   b.

   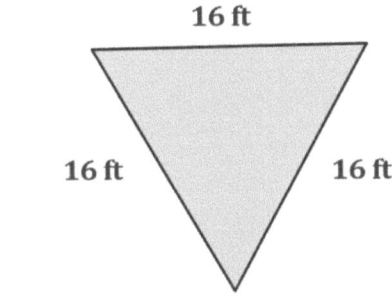

   Périmètre = 3 x 16 ft
   = (3 x 10 ft) + (3x6 ft)
   = 30 ft + 18 ft
   = 48 ftt

   > Je peux utiliser la séparation et la stratégie de distribution pour résoudre un grand fait comme 3 x 16 ft. Je peux séparer 16 pieds en 10 pieds et 6 pieds car il est facile de multiplier par dix. Je peux ensuite ajouter les deux petits faits pour trouver la réponse au grand fait.

Leçon 14 : Déterminer le périmètre d'un polygone ou rectangle régulier quand les mesures en nombres entiers sont inconnus.

2. Jake trace un octogone régulier sur sa feuille. Chaque côté mesure 6 centimètres. Il trace aussi un décagone régulier sur sa feuille. Chaque côté du décagone mesure 4 centimètres. Quelle forme a un plus grand périmètre ? Montre ton travail.

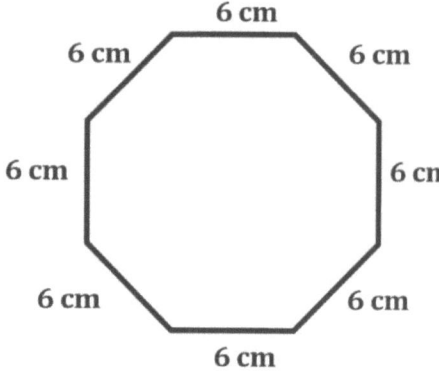

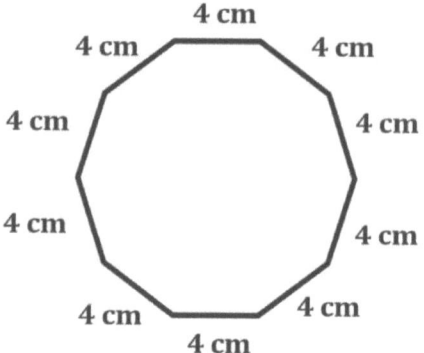

Périmètre = 8 x 6 cm = 48 cm

Périmètre = 10 x 4 cm = 40 cm

L'octogone de Jake a un périmètre plus grand de 8 cm.

Même si un décagone a plus de côtés qu'un octogone, les longueurs des côtés de l'octogone de Jake sont plus longues que celles de son décagone. C'est pourquoi l'octogone de Jake a un plus grand périmètre.

Nom _____ Date _____

1. Étiquette les longueurs de côtés inconnues des formes régulières ci-dessous. Ensuite, trouve le périmètre de chaque forme.

   a.
   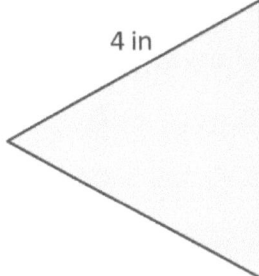
   4 in

   Périmètre = _____ in

   b.
   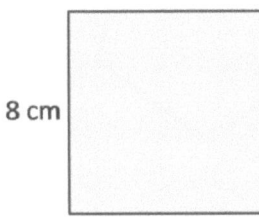
   8 cm

   Périmètre = _____ cm

   c.
   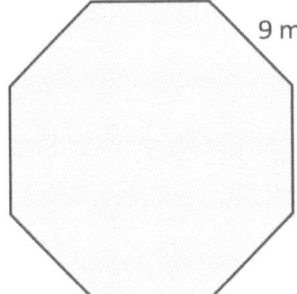
   9 m

   Périmètre = _____ m

   d.
   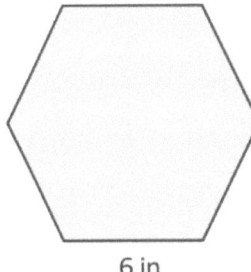
   6 in

   Périmètre = _____ in

2. Étiquette les longueurs de côtés inconnues du rectangle ci-dessous. Ensuite, trouve le périmètre du rectangle.

   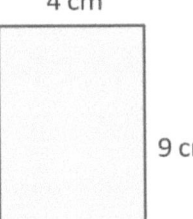
   4 cm
   9 cm

   Périmètre = _____ cm

3. Roxanne dessine un pentagone régulier et étiquette a une longueur de côté tel qu'indiqué ci-dessous. Trouve le périmètre du pentagone de Roxanne.

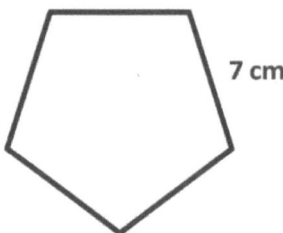

4. Chaque côté d'un terrain carré mesure 24 mètres. Quel est le périmètre du terrain ?

5. Quel est le périmètre d'une feuille de papier rectangulaire qui mesure 8 pouces (8 in) sur 11 pouces (11 in) ?

UNE HISTOIRE D'UNITÉS   Leçon 15 Aide aux devoirs   3•7

1. M. Kim construit une barrière rectangulaire de 7 ft sur 9 ft autour de son potager. Quelle est la longueur totale de la barrière de M. Kim ?

> Je sais que je dois dessiner et marquer un rectangle pour représenter la clôture de M. Kim. Je peux marquer toutes les longueurs de côté de mon rectangle parce que je sais que les côtés opposés d'un rectangle sont égaux.

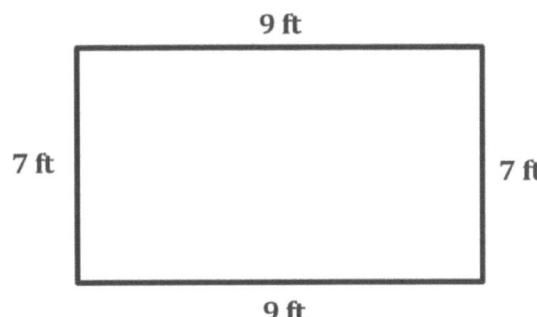

> Il existe différentes stratégies pour trouver le périmètre de ce rectangle. Je pourrais ajouter 7 et 9 et ensuite doubler la somme, ou je peux multiplier chaque longueur de côté par 2 et ensuite ajouter les produits comme je l'ai fait ici.

$P = (2 \times 7 \text{ ft}) + (2 \times 9 \text{ ft})$
$= 14 \text{ ft} + 18 \text{ ft}$
$= 32 \text{ ft}$

La longueur totale de la clôture de M. Kim est de 32 pieds (32 ft).

2. Gracie utilise des rectangles réguliers pour faire la forme ci-dessous. Chaque longueur de triangle mesure 4 cm. Quel est le périmètre de la forme de Gracie ?

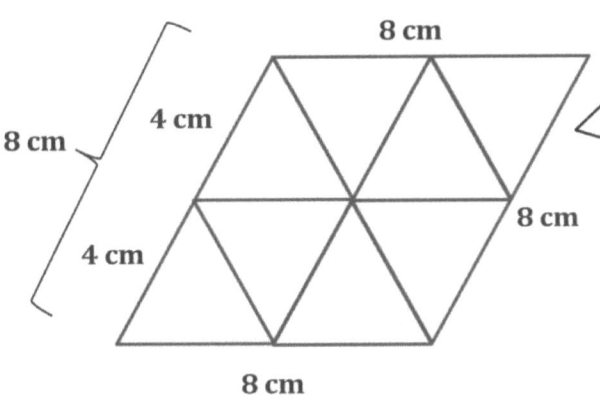

> Je sais que la longueur de chaque côté du triangle régulier est de 4 cm. Comme chaque côté de la grande forme de Grade est constitué de deux côtés d'un triangle, la longueur du côté de la grande forme est de 8 cm. Maintenant, je peux trouver le périmètre de sa forme en écrivant une phrase d'addition répétée ou en multipliant les 4 longueurs de côté par 8 cm.

$P = 4 \times 8 \text{ cm} = 32 \text{ cm}$

Le périmètre de la forme de Grade est de 32 cm.

> La nouvelle forme de Grade a 4 côtés égaux et aucun angle droit. C'est un losange !

Leçon 15 : Résoudre des problèmes pour déterminer le périmètre avec des longueurs de côtés données.

Nom _____ Date _____

1. Miguel colle du ruban autour des bords d'une photo de 5 pouces (5 in) sur 8 pouces (8 in) pour faire un cadre. Quelle est la longueur totale du ruban que Miguel utilise ?

2. Un bâtiment d'Elmira College a une pièce qui a la forme d'un octogone régulier. La longueur de chaque côté de la pièce est de 5 pieds (5 ft). Quel est le périmètre de cette pièce ?

3. Manny pose une barrière dans une zone rectangulaire pour que son chien puisse jouer dans le jardin. La zone mesure 35 yards sur 45 yards. Quelle est la longueur totale de la barrière que Manny utilise ?

Leçon 15 : Résoudre des problèmes pour déterminer le périmètre avec des longueurs de côtés données.

4. Tyler utilise 6 bâtonnets pour faire un hexagone. Chaque bâtonnet mesure 6 pouces (6 in) de long. Quel est le périmètre de l'hexagone de Tyler ?

5. Francis a fait un chemin rectangulaire de son allée de garage jusqu'au porche. La largeur du chemin est de 2 pieds (2 ft). La longueur est 28 pieds (28 ft) plus longue que la largeur. Quel est le périmètre du chemin ?

6. Le professeur de gym utilise du papier collant pour faire 4 terrains carrés dans la salle de gym, tel qu'illustré. Le carré extérieur a des longueurs de côtés de 16 pieds (16 ft). Quelle est la longueur totale du papier collant que le professeur de gym utilise pour faire le carré A ?

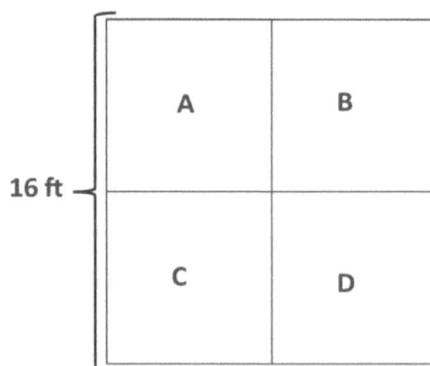

1. Alicia dessine la forme ci-dessous.

   Je sais que les formes qui n'ont pas de ligne droite, comme les cercles, ont quand même un périmètre. Mais je ne peux pas me contenter d'utiliser les règles pour trouver leurs périmètres. Je peux faire une estimation en utilisant une ficelle pour représenter le périmètre et ensuite mesurer la ficelle.

   a. Explique comment Alicia pourrait utiliser de la ficelle et une règle pour trouver le périmètre de la forme.

   Alicia peut faire le tour de sa forme avec la ficelle. Ensuite, elle peut marquer où la ficelle rejoint l'extrémité après avoir fait tout le tour une fois. Enfin, elle peut utiliser une règle pour mesurer de l'extrémité de la ficelle jusqu'à la marque.

   Je sais que cette méthode ne me donne pas un périmètre exact puisque j'utilise de la ficelle. C'est une estimation proche.

   b. Utiliserais-tu cette méthode pour trouver le périmètre d'un rectangle ? Explique pourquoi ou pourquoi pas.

   Je n'utiliserais pas cette méthode pour trouver le périmètre d'un rectangle. Utiliser de la ficelle n'est pas aussi efficace ni aussi précis que mesurer les côtés d'un rectangle avec une règle et ensuite additionner les longueurs de côtés.

2. Peux-tu trouver le périmètre de la forme ci-dessous en utilisant seulement ta règle ? Explique ta réponse.

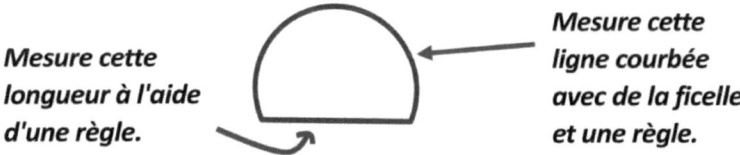

Non, je ne peux pas trouver le périmètre de la forme uniquement à l'aide de ma règle. La limite de la forme est une ligne courbée, et je ne peux pas mesurer de lignes courbées avec juste une règle. Je peux mesurer la longueur du côté droit avec une règle et utiliser la ficelle pour mesurer la ligne courbée. Ensuite, je peux additionner les deux mesures pour trouver le périmètre.

UNE HISTOIRE D'UNITÉS　　　　　　　　　　　　　　　　　　　　　　Leçon 16 Devoirs　3•7

Nom _____　　Date _____

1. a. Trouve le périmètre de 5 objets circulaires de la maison au quart de pouce près en utilisant de la ficelle. Note le nom et le périmètre de chaque objet dans le tableau ci-dessous.

Objet	Périmètre (au quart de pouce près)
Exemple : couvercle d'un pot de beurre de cacahuètes	$9\frac{1}{2}$ pouces

b. Explique les étapes que tu as suivies pour trouver le périmètre des objets circulaires dans le tableau ci-dessus.

Leçon 16 : Utiliser de la ficelle pour mesurer le périmètre de divers cercles au quart de pouce près.

2. Utilise ta ficelle et ta règle pour trouver le périmètre des deux formes ci-dessous au quart de pouce près.

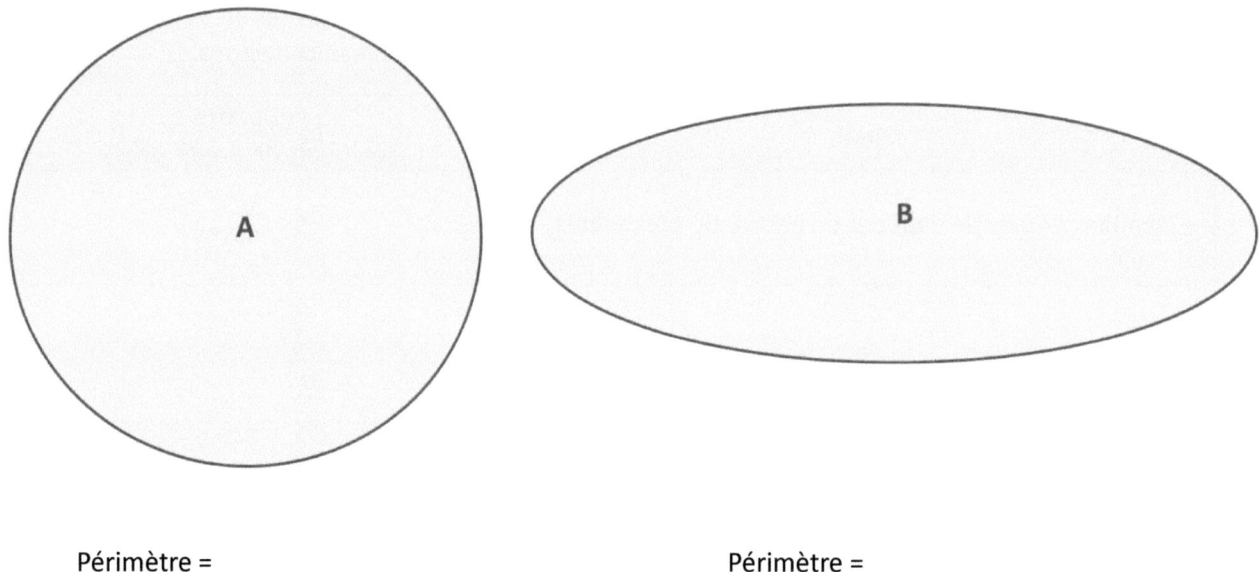

Périmètre = _____   Périmètre = _____

a. Quelle forme a un plus grand périmètre ?

b. Trouve la différence entre les deux périmètres.

3. Décris les étapes que tu as suivies pour trouver le périmètre des objets du Problème 2. Utiliserais-tu cette méthode pour trouver le périmètre d'un carré ? Explique pourquoi ou pourquoi pas.

UNE HISTOIRE D'UNITÉS — Leçon 17 Aide aux devoirs 3•7

1. La forme ci-dessous est faite de rectangles. Étiquette les longueurs de côtés inconnues. Ensuite, écris et résous une équation pour trouver le périmètre de la forme.

C'est une façon de visualiser comment deux rectangles vont ensemble pour former cette forme.

Si je prolongeais la ligne du bas pour qu'elle corresponde à celle du haut, elle serait de 6 cm car les côtés opposés d'un rectangle sont égaux. Sachant cela, je peux soustraire la partie marquée 3 cm de 6 cm pour trouver la longueur de la ligne du bas.

Je peux trouver cette longueur de côté inconnue en ajoutant les largeurs connues, 3 cm et 2 cm, pour obtenir 5 cm. La longueur totale de ce côté est de 5 cm.

$P = (3 \times 3 \text{ cm}) + 2 \text{ cm} + 5 \text{ cm} + 6 \text{ cm}$
$\quad = 9 \text{ cm} + 13 \text{ cm}$
$\quad = 22 \text{ cm}$

Maintenant que je connais les longueurs de côté inconnues de la forme, je peux trouver le périmètre.

Le périmètre de la forme est de 22 cm

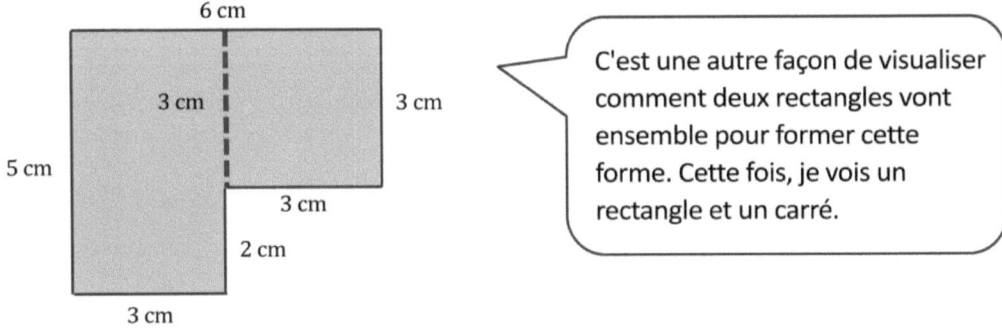

C'est une autre façon de visualiser comment deux rectangles vont ensemble pour former cette forme. Cette fois, je vois un rectangle et un carré.

Leçon 17 : Utilise les quatre opérations pour résoudre des problèmes impliquant le périmètre et des mesures inconnues.

235

2. Étiquette les longueurs de côtés inconnues. Ensuite, trouve le périmètre du rectangle colorié.

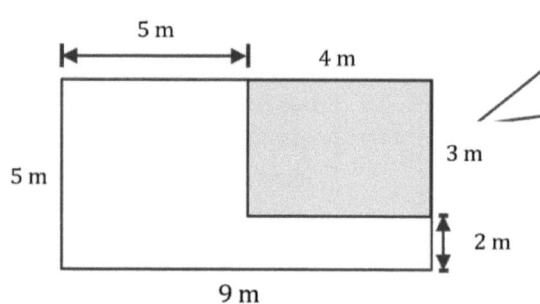

Je sais que la longueur des côtés du rectangle entier est de 9 m et de 5 m. Pour trouver les longueurs des côtés de la partie ombrée, je peux soustraire les longueurs totales des parties connues.
9 m – 5 m = 4 m, and 5 m – 2 m = 3 m.

$P =$ (2 x 4 cm) + (2 x 3 cm)
$=$ 8 cm + 6 cm
$=$ 14 cm

Le périmètre du rectangle ombragé est de 14 cm.

Maintenant que je connais la longueur des côtés de la partie ombragée, je peux trouver le périmètre. Je sais, d'après la question, que la partie ombrée est un rectangle. Ses côtés opposés sont donc égaux.

Leçon 17 : Utilise les quatre opérations pour résoudre des problèmes impliquant le périmètre et des mesures inconnues.

Nom _____ Date _____

1. Les formes ci-dessous sont faites de rectangles. Étiquette les longueurs de côtés inconnues. Ensuite, écris et résous une équation pour trouver le périmètre de chaque forme.

a.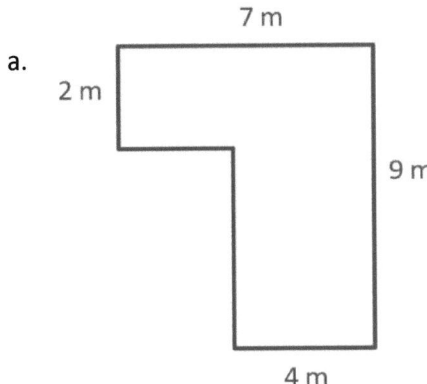

P =

b.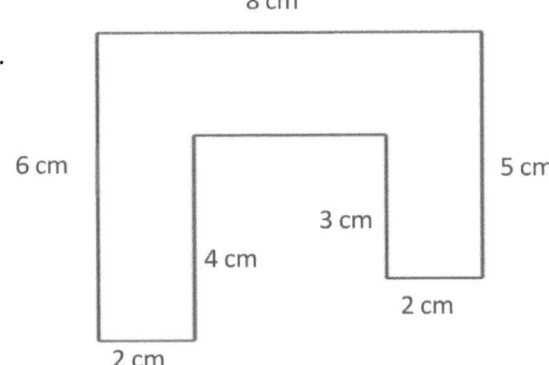

P =

c.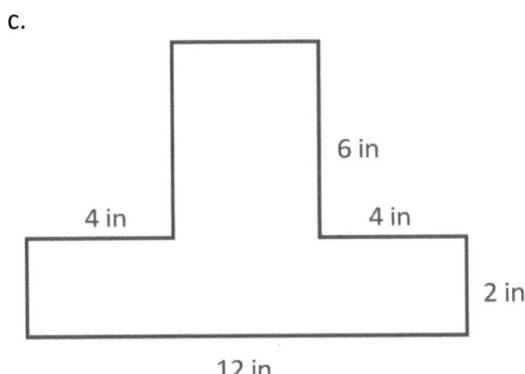

P =

d.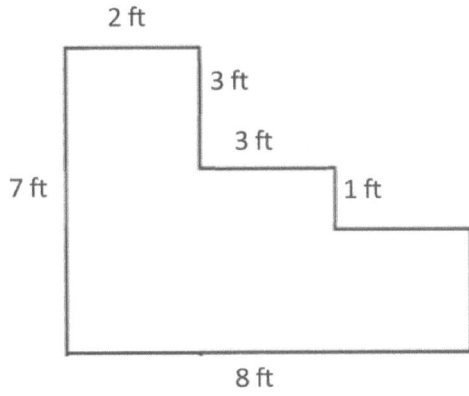

P =

Leçon 17 : Utilise les quatre opérations pour résoudre des problèmes impliquant le périmètre et des mesures inconnues.

2. Sari dessine et étiquette les carrés et les rectangles ci-dessous. Trouve le périmètre de la nouvelle forme.

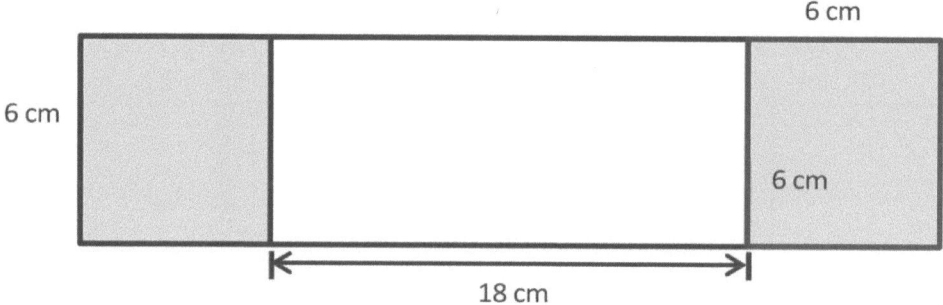

3. Étiquette les longueurs de côtés inconnues. Ensuite, trouve le périmètre du rectangle colorié.

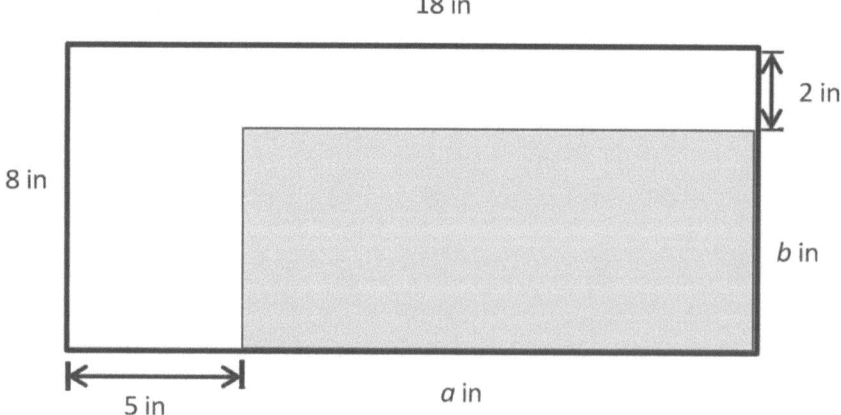

Fais une estimation pour dessiner autant de rectangles que tu peux dans une aire de 15 centimètres carrés. Étiquette les longueurs de côtés de chaque rectangle.

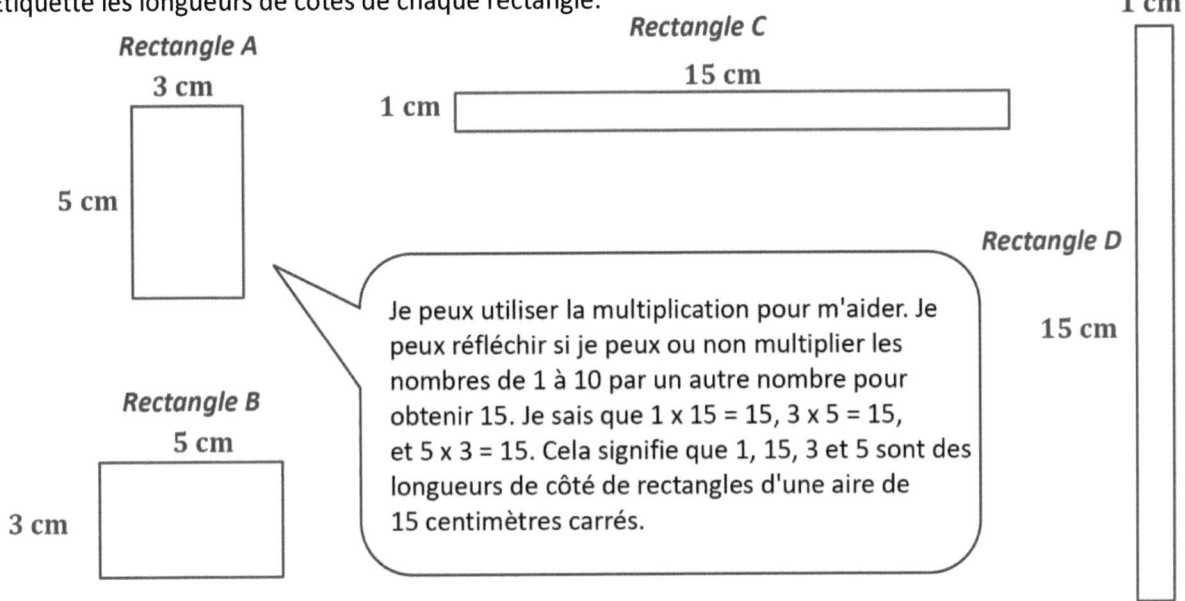

a. Quels rectangles ci-dessus ont le plus grand périmètre ? Comment le sais-tu en regardant simplement leurs formes ?

Les rectangles C et D ont le plus grand périmètre. Ils ont tous les deux un périmètre de 32 centimètres. Je peux dire simplement en regardant leurs formes qu'ils ont le plus grand périmètre parce qu'ils sont plus longs et fins que les rectangles A et B.

Je sais que les rectangles longs et maigres ont un périmètre plus grand que les rectangles courts et larges de même aire. Les grandes longueurs de côté totalisent des périmètres plus grands que les petites longueurs de côté.

b. Quels rectangles ci-dessus ont le plus petit périmètre ? Comment le sais-tu en regardant simplement leurs formes ?

Les rectangles A et B ont les plus petits périmètres. Ils ont tous les deux un périmètre de 16 centimètres. Je peux dire simplement en regardant leurs formes qu'ils ont le plus petit périmètre parce qu'ils sont plus courts et plus larges que les rectangles C and D.

Je sais que les rectangles courts et larges ont un périmètre plus petit que les rectangles longs et minces de même superficie. Les courtes longueurs de côté totalisent des périmètres plus petits que les longues longueurs de côté.

Leçon 18 : Construct rectangles from a given number of unit squares and determine the perimeters.

Nom _____ Date _____

1. Grise les carrés sur la grille ci-dessous pour créer autant de rectangles que tu peux avec une aire de 18 centimètres carrés.

2. Trouve le périmètre de chaque rectangle du problème 1 plus haut.

Leçon 18: Construct rectangles from a given number of unit squares and determine the perimeters.

3. Fais une estimation pour dessiner autant de rectangles que tu peux avec une aire de 20 centimètres carrés. Étiquette les longueurs de côtés de chaque rectangle.

a. Quel rectangle ci-dessus a le plus grand périmètre ? Comment le sais-tu en regardant simplement sa forme ?

b. Quel rectangle ci-dessus a le plus petit périmètre ? Comment le sais-tu en regardant simplement sa forme ?

UNE HISTOIRE D'UNITÉS   Leçon 19 Aide aux devoirs   3•7

1. Utilise les carrés unitaires pour faire des rectangles pour chaque nombre donné ci-dessous. Complète les tableaux ci-dessous pour montrer combien de rectangles tu peux faire pour chaque nombre de carrés unitaires donné. Tu n'utiliseras peut-être pas tous les espaces de chaque tableau.

Nombre de carrés unitaires = 12	
Nombre de rectangles que j'ai faits : __3__	
Largeur	Longueur
1	12
2	6
3	4

Nombre de carrés unitaires = 13	
Nombre de rectangles que j'ai faits : __1__	
Largeur	Longueur
1	13

Nombre de carrés unitaires = 14	
Nombre de rectangles que j'ai faits : __2__	
Largeur	Longueur
1	14
2	7

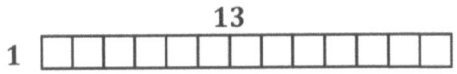

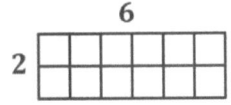

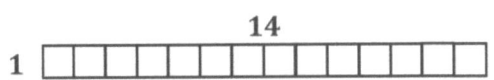

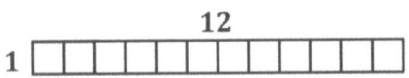

> Je peux utiliser la multiplication pour m'aider. Je peux me demander si je peux ou non multiplier les nombres de 1 à 10 par un autre nombre pour obtenir 12, 13 ou 14. Une fois que j'ai calculé les facteurs qui sont égaux à ces nombres lorsqu'ils sont multipliés, je peux construire des rectangles avec les facteurs comme longueur de côté.

Leçon 19:   Utiliser une ligne droite pour noter le nombre de rectangles construits à partir d'un nombre donné de carrés unitaires.

2. Crée une ligne droite avec les données que tu as récoltées au problème 1.

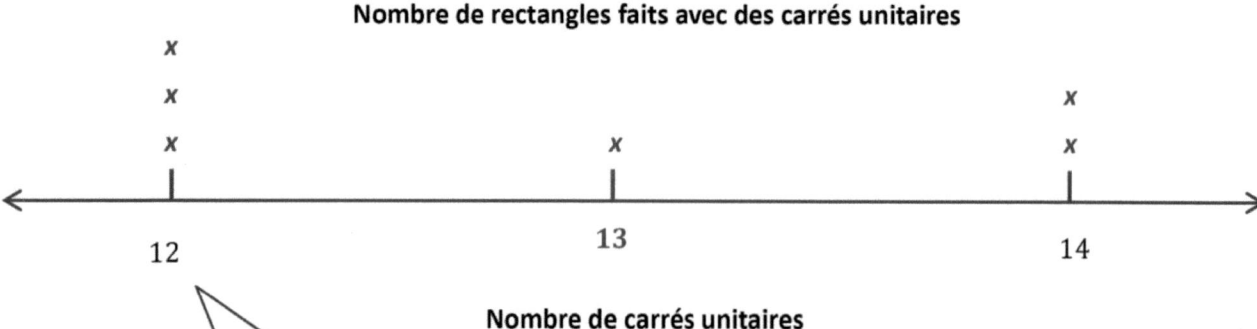

J'ai fait 3 rectangles avec une superficie de 12 unités carrées, donc je vais dessiner 3 x au-dessus des 12. Je peux continuer à montrer combien de rectangles j'ai fait avec des unités carrées de 13 et 14.

UNE HISTOIRE D'UNITÉS   Leçon 19 Devoirs   3•7

Nom _____   Date _____

1. Découpe les carrés unitaires au bas de la page. Ensuite, utilise-les pour faire des rectangles pour chaque nombre de carrés unitaires donné. Complète les tableaux ci-dessous pour montrer combien de rectangles tu peux faire pour chaque nombre de carrés unitaires donné. Tu n'utiliseras peut-être pas tous les espaces de chaque tableau.

Nombre de carrés unitaires = 6

Nombre de rectangles que j'ai créés : ____

Largeur	Longueur

Nombre de carrés unitaires = 7

Nombre de rectangles que j'ai créés : ____

Largeur	Longueur

Nombre de carrés unitaires = 8

Nombre de rectangles que j'ai créés : ____

Largeur	Longueur

Nombre de carrés unitaires = 9

Nombre de rectangles que j'ai créés : ____

Largeur	Longueur

Nombre de carrés unitaires = 10

Nombre de rectangles que j'ai créés : ____

Largeur	Longueur

Nombre de carrés unitaires = 11

Nombre de rectangles que j'ai créés : ____

Largeur	Longueur

✂ --

Leçon 19 : Utiliser une ligne droite pour noter le nombre de rectangles construits à partir d'un nombre donné de carrés unitaires.

2. Crée une ligne droite avec les données que tu as récoltées au problème 1.

Nombre de rectangles créés avec les carrés unitaires

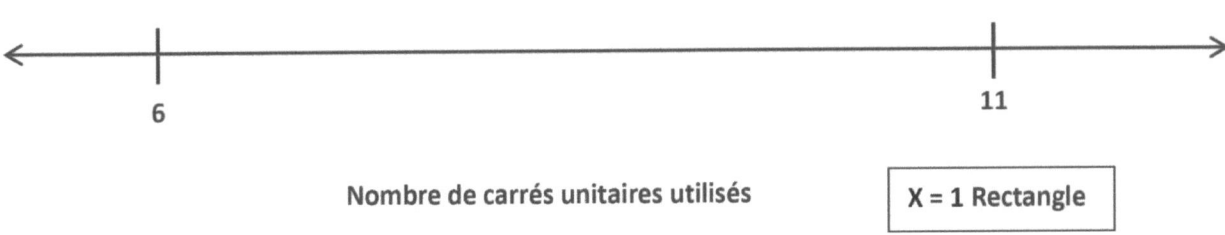

Nombre de carrés unitaires utilisés X = 1 Rectangle

a. Luke regarde la ligne droite et dit que tous les nombres impairs de carrés unitaires font seulement 1 rectangle. Es-tu d'accord ? Pourquoi ou pourquoi pas ?

b. Combien de X dessinerais-tu pour 4 carrés unitaires ? Explique comment tu le sais.

Leçon 19 : Utiliser une ligne droite pour noter le nombre de rectangles construits à partir d'un nombre donné de carrés unitaires.

UNE HISTOIRE D'UNITÉS   Leçon 20 Aide aux devoirs   3•7

1. Rex utilise des carreaux d'un carré unitaire pour faire des rectangles avec un périmètre de 12 unités. Il dessine ses rectangles tel qu'indiqué ci-dessous. Rex peut-il faire une autre rectangle à l'aide de carreaux d'un carré unitaire qui a un périmètre de 12 unités ? Explique ta réponse.

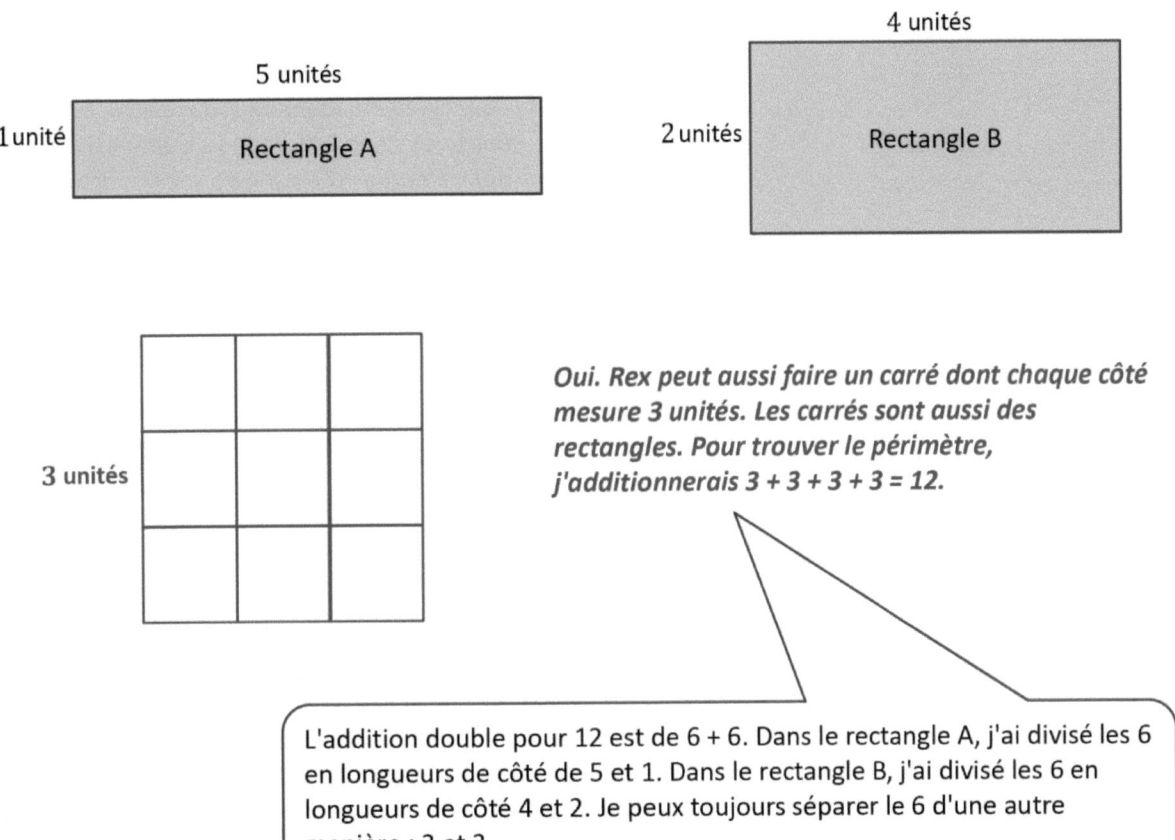

Oui. Rex peut aussi faire un carré dont chaque côté mesure 3 unités. Les carrés sont aussi des rectangles. Pour trouver le périmètre, j'additionnerais 3 + 3 + 3 + 3 = 12.

L'addition double pour 12 est de 6 + 6. Dans le rectangle A, j'ai divisé les 6 en longueurs de côté de 5 et 1. Dans le rectangle B, j'ai divisé les 6 en longueurs de côté 4 et 2. Je peux toujours séparer le 6 d'une autre manière : 3 et 3.

Leçon 20 : Construire des rectangles avec un périmètre donné en utilisant des carrés unitaires et déterminer leurs aires.

2. Maureen dessine un carré qui a un périmètre de 24 centimètres.

   a. Fais une estimation pour dessiner le carré de Maureen ci-dessous. Étiquette la longueur et la largeur du carré.

   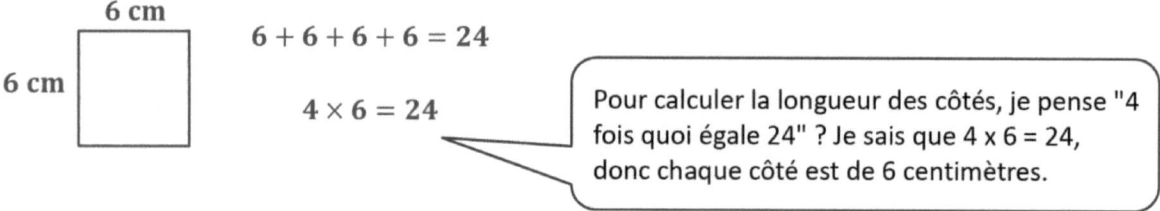

   $6 + 6 + 6 + 6 = 24$

   $4 \times 6 = 24$

   > Pour calculer la longueur des côtés, je pense "4 fois quoi égale 24" ? Je sais que 4 x 6 = 24, donc chaque côté est de 6 centimètres.

   b. Trouve l'aire du carré de Maureen.

   $6 \times 6 = 36$

   L'aire du carré de Maureen est de 36 centimètres carrés.

   > Je peux multiplier les longueurs des côtés pour trouver l'aire.

   c. Fais une estimation pour dessiner un rectangle différent qui a le même périmètre que le carré de Maureen.

   Exemple de réponse :

   > Le double de l'addition pour 24 est 12 + 12. Une autre paire de nombres qui s'additionne à 12 est le 9 et le 3.

   $9 + 3 + 9 + 3 = 24$

   d. Quelle forme a l'aire la plus grande, le carré de Maureen ou ton rectangle ?

   $3 \times 9 = 27$

   Mon rectangle a une aire de 27 centimètres carrés. Le carré de Maureen a une plus grande aire parce que 36 > 27.

   > Je peux multiplier 3 x 9 pour trouver l'aire de mon rectangle et le comparer ensuite à l'aire du carré de Maureen.

Nom _____ Date _____

1. Découpe les carrés unitaires au bas de la page. Ensuite, utilise-les pour faire autant de rectangles que tu peux avec un périmètre de 10 unités.

   a. Fais une estimation pour dessiner tes rectangles ci-dessous. Étiquette les longueurs de côtés de chaque rectangle.

   b. Trouve les aires des rectangles de la partie (a) ci-dessus.

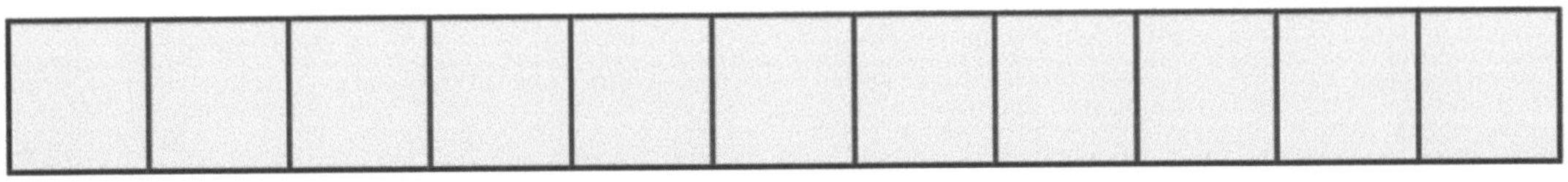

2. Gino utilise des carreaux d'un carré unitaire pour faire des rectangles avec un périmètre de 14 unités. Il dessine ses rectangles tel qu'indiqué ci-dessous. En utilisant les carreaux d'une unité carrée, Gino peut-il faire un autre rectangle qui a une périmètre de 14 unités ? Explique ta réponse.

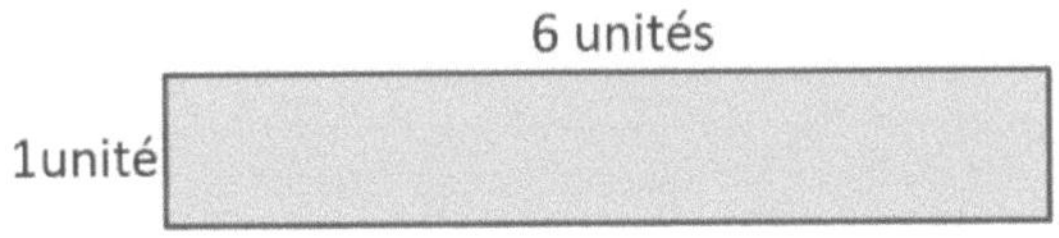

6 unités
1 unité

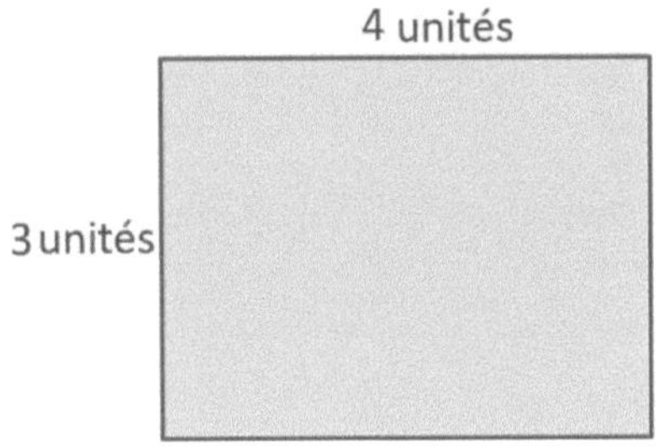

4 unités
3 unités

3. Katie dessine un carré qui a un périmètre de 20 centimètres.

   a. Fais une estimation pour dessiner le carré de Katie ci-dessous. Étiquette la longueur et la largeur du carré.

   b. Trouve l'aire du carré de Katie.

   c. Fais une estimation pour dessiner un rectangle différent qui a le même périmètre que le carré de Katie.

   d. Quelle forme a l'aire la plus grande, le carré de Katie ou ton rectangle ?

Leçon 20 : Construire des rectangles avec un périmètre donné en utilisant des carrés unitaires et déterminer leurs aires.

UNE HISTOIRE D'UNITÉS — Leçon 21 Aide aux devoirs — 3•7

1. Max utilise des carrés unitaires pour construire des rectangles qui ont un périmètre de 12 unités. Il crée le tableau ci-dessous pour noter ses découvertes.

   a. Complète le tableau de Max. Tu n'utiliseras peut-être pas tous les espaces du tableau.

   Périmètre = 12 unités

   Nombre de rectangles que j'ai faits : __3__

Largeur	Longueur	Aire
1 unité	5 unités	5 unités carrées
2 *unités*	4 *unités*	8 *unités carrées*
3 *unités*	3 *unités*	9 *unités carrées*

   Pour un périmètre d'unités, le total des quatre longueurs de côté doit être de 12 unités. Je peux penser à l'addition double pour 12, qui est de 6 + 6. Cela me dit que 6 unités devraient être la somme de la longueur plus la largeur. Je peux trouver la même information en pensant à 12 ÷ 2.

   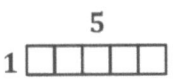
   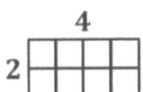
   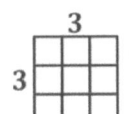

   Pour dessiner mes rectangles, je pense à des paires de nombres qui sont égaux à 6 quand je les additionne. Les paires que j'utilise pour dessiner mes rectangles sont 1 et 5, 2 et 4, et 3 et 3. Ensuite, pour trouver la superficie de chaque rectangle, je multiplie les longueurs des côtés. 1 x 5 = 5, 2 x 4 = 8, et 3 x 3 = 9. Maintenant, je peux remplir le tableau.

   b. Explique comment tu as trouvé les largeurs et les longueurs dans le tableau ci-dessus.

   Je sais que la moitié de **12** *is* **6** *parce que* **6 + 6 = 12.** *J'ai réfléchi à différentes manières de diviser* **6.** *Une manière de diviser* **6** *est en* **5** *et* **1.** *Donc, un rectangle peut avoir des longueurs de côtés de* **5** *unités et* **1** *unité. Une autre manière est* **4** *et* **2.** *La dernière manière de diviser* **6** *est* **3** *et* **3.** *Ces nombres sont devenus les longueurs de mes côtés.*

Leçon 21: Construire des rectangles avec un périmètre donné en utilisant des carrés unitaires et déterminer leurs aires.

2. Grayson et Scarlett ont tous les deux dessiné des rectangles avec des périmètres de 10 centimètres, mais leurs rectangles ont des aires différentes. Explique avec des mots, des images et des nombres comment cela est possible.

   Rectangle de Grayson

   3 cm
   2 cm

   Rectangle de Scarlett

   4 cm
   1 cm

   > Tout d'abord, je peux penser à deux façons différentes de faire un rectangle d'un périmètre de 10 centimètres. Ensuite, je peux multiplier la longueur de leurs côtés pour trouver l'aire de chacun.

   Les rectangles de Grayson et Scarlett ont chacun un périmètre de 10 centimètres. Mais les longueurs des côtés de leurs rectangles sont différentes. C'est ce qui rend le produit des longueurs de côtés différent, même si la somme est la même. L'aire du rectangle de Grayson est 6 centimètres carrés parce que $2 \times 3 = 6$. L'aire du rectangle de Scarlett est 4 centimètres carrés parce que $1 \times 4 = 4$.

Nom _____ Date _____

1. Margo trouve autant de rectangles qu'elle peut avec un périmètre de 14 centimètres.

   a. Colorie les rectangles de Margo sur la grille ci-dessous. Étiquette la longueur et la largeur de chaque rectangle.

   b. Trouve les aires des rectangles de la partie (a) ci-dessus.

   c. Les périmètres des rectangles sont les mêmes. Que remarques-tu à propos des aires ?

2. Tanner utilise des carrés unitaires pour construire des rectangles qui ont un périmètres de 18 unités. Il crée le tableau ci-dessous pour noter ses découvertes.

    a. Complète le tableau de Tanner. Tu n'utiliseras peut-être pas tous les espaces du tableau.

Périmètre = 18 unités		
Nombre de rectangles que j'ai faits : _____		
Largeur	Longueur	Aire
1 unité	8 unités	8 unités carrées

    b. Explique comment tu as trouvé les largeurs et les longueurs dans le tableau ci-dessus.

3. Jason et Dina ont tous les deux dessiné des rectangles avec des périmètres de 12 centimètres, mais leurs rectangles ont des aires différentes. Explique avec des mots, des images et des nombres comment cela est possible.

UNE HISTOIRE D'UNITÉS — Leçon 22 Aide aux devoirs — 3•7

1. Jack utilise des carreaux d'un pouce carré pour construire un rectangle avec un périmètre de 14 pouces. Le fait de connaître cette information l'aide-t-il à trouver le nombre de rectangles qu'il peut construire avec une aire de 14 pouces carrés ? Pourquoi et pourquoi pas ?

Non. Il n'y a pas de lien entre l'aire et le périmètre, donc savoir comment construire un rectangle avec un périmètre de 14 pouces (14 in) n' aide pas Jack à trouver combien de rectangles il peut construire avec une aire de 14 pouces carrés.

J'ai beaucoup étudié la superficie et le périmètre en classe, et je sais qu'ils ne sont pas liés. Si je veux savoir combien de rectangles je peux construire avec une surface de 14 pouces carrés, je peux utiliser des carreaux carrés ou des multiplications pour le calculer. Penser au périmètre ne m'aidera pas.

2. Rachel fait un rectangle avec un morceau de ficelle. Elle dit que le périmètre de son rectangle est 25 centimètres. Explique comment c'est possible que le périmètre de son rectangle soit un nombre impair.

La plupart des rectangles que nous avons vus avaient un périmètre avec un nombre p-air parce que nous examinons en général des rectangles avec des longueurs de côtés à nombres entiers.

Je sais que les rectangles dont les côtés sont constitués de nombres entiers ont des périmètres pairs parce que lorsque vous doublez la somme des nombres entiers, vous obtenez un nombre pair. Les rectangles dont la longueur des côtés est fractionnée peuvent avoir des périmètres impairs si les parties fractionnées s'additionnent pour former un nombre impair. Par exemple, si un carré a une longueur de côté de $\frac{1}{4}$, alors le périmètre est égal à 1 parce que quatre copies de $\frac{1}{4}$ font 1.

Leçon 22 : Utiliser une ligne droite pour noter le nombre de rectangles construits dans les Leçons 20 et 21.

Nom _____   Date _____

1. La ligne droite suivante montre le nombre de rectangles qu'un élève a fait à l'aide des carreaux d'une unité carrée. Utilise la ligne droite pour répondre aux questions ci-dessous.

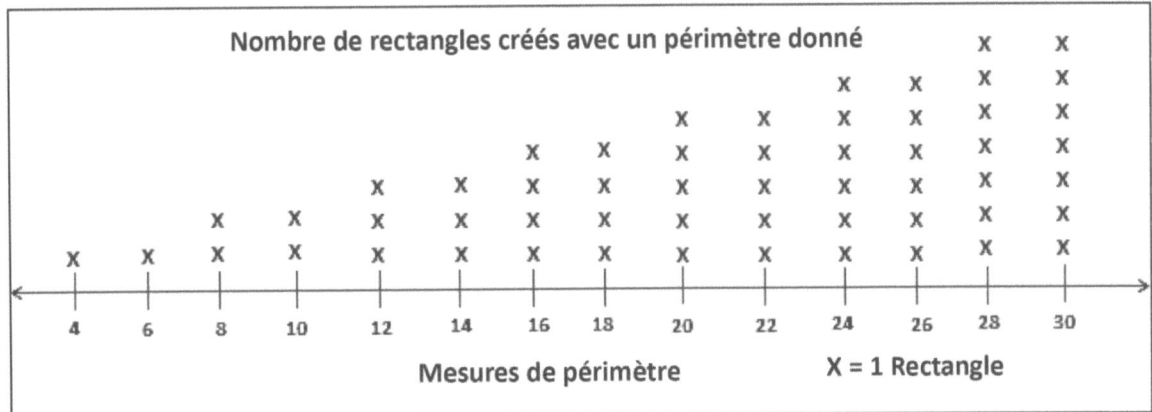

a. Pourquoi les mesures de périmètre sont-elles toutes paires ? Les rectangles ont-ils tous des périmètres paires ?

b. Explique le schéma de la ligne droite. Quels types de longueurs de côtés rendent ce schéma possible ?

c. Combien de X dessinerais-tu pour un périmètre de 32 ? Explique comment tu le sais.

Leçon 22 : Utiliser une ligne droite pour noter le nombre de rectangles construits dans les Leçons 20 et 21.

2. Luis utilise des carreaux d'un pouce carré pour construire un rectangle avec un périmètre de 24 pouces (24 in). Le fait de connaître cette information l'aide-t-il à trouver le nombre de rectangles qu'il peut construire avec une aire de 24 pouces carrés ? Pourquoi ou pourquoi pas ?

3. Esperanza fait un rectangle avec un morceau de ficelle. Elle dit que le périmètre de son rectangle est 33 centimètres. Explique comment c'est possible que son rectangle ait un périmètre avec un nombre impair.

1. Madison utilise des carreaux de 4 pouces carrés pour faire un rectangle, tel qu'illustré ci-dessous. Quel est le périmètre du rectangle en pouces ?

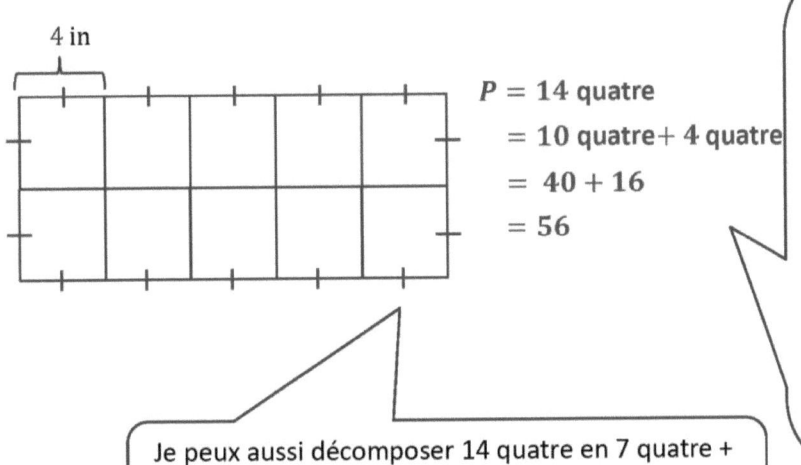

$P = 14$ quatre
$= 10$ quatre $+ 4$ quatre
$= 40 + 16$
$= 56$

Comme Madison utilise des carreaux carrés, je sais que la longueur de chaque côté d'un carreau mesure 4 pouces. Je peux alors compter le nombre total de longueurs de côté qui composent le périmètre du rectangle, qui est de 14. Ensuite, je peux trouver le périmètre en multipliant 14 x 4, ou sous forme d'unité, 14 quatre. Je peux utiliser la stratégie de séparation et de distribution pour trouver le total.

Je peux aussi décomposer 14 quatre en 7 quatre + 7 quatre, mais 28 + 28 est un calcul mental plus difficile que 40 + 16.

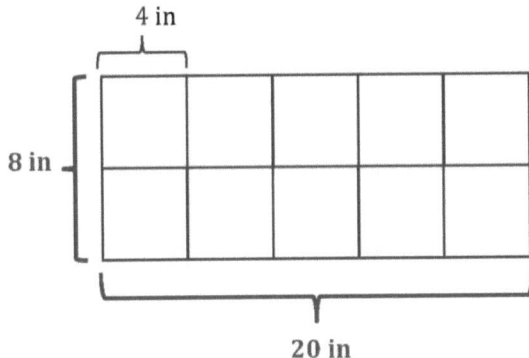

$P = (2 \times 8 \text{ in}) + (2 \times 20 \text{ in})$
$= 16 \text{ in} + 40 \text{ in}$
$= 56 \text{ in}$

Le périmètre du rectangle est de 56 pouces.

Une autre façon de déterminer le périmètre est de trouver la valeur des longueurs des côtés du rectangle. Je peux utiliser l'addition répétée, le comptage par saut ou la multiplication pour trouver les longueurs des côtés. Ensuite, je peux doubler la longueur de chaque côté et additionner pour trouver le périmètre.

Leçon 23 : Résoudre différents problèmes de mots avec le périmètre.

2. David trace 4 hexagones réguliers pour réer la forme représentée ci-dessous. Le périmètre d' 1 hexagone est 18 cm. Quel est le périmètre de la nouvelle forme de David ?

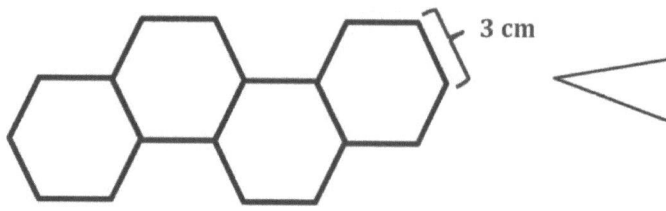

3 cm

> C'est un problème en deux étapes. Je dois d'abord trouver la longueur du côté de chaque hexagone. Je sais que David trace des hexagones réguliers, donc toutes les longueurs des côtés sont égales. Pour trouver la longueur du côté, je peux diviser le périmètre d'un hexagone, 18 cm, par ses 6 côtés pour obtenir 3 cm.

Périmètre d'un hexagone $= 18 \text{ cm} \div 6$
$= 3 \text{ cm}$

Périmètre de la forme $= 18 \times 3 \text{ cm}$
$= (10 \times 3 \text{ cm}) + (8 \times 3 \text{ cm})$
$= 30 \text{ cm} + 24 \text{ cm}$
$= 54 \text{ cm}$

Le périmètre de la forme est de 54 cm.

> Ensuite, je peux compter pour trouver le nombre total de côtés sur la nouvelle forme de David. Je ne peux pas simplement multiplier 4 x 6 pour obtenir le nombre total de côtés car chaque hexagone partage 1 ou 2 côtés avec un autre hexagone. Je peux marquer les côtés pour m'aider à les compter. La nouvelle forme de David a 18 côtés. Maintenant, je peux multiplier 18 par 3 cm pour obtenir le périmètre de la forme.

UNE HISTOIRE D'UNITÉS   Leçon 23 Devoirs   3•7

Nom _____   Date _____

1. Rosie a dessiné un carré avec un périmètre de 36 pouces (36 in). Quelle est la longueur des côtés du carré ?

2. Judith utilise des bâtonnets pour faire deux rectangles de 24 pouces (24 in) sur 12 pouces (in). Quel est le périmètre total des 2 rectangles ?

3. Un architecte dessine un carré et un rectangle, tel qu'indiqué ci-dessous, pour représenter une maison qui a un garage. Quel est le périmètre total de la maison avec le garage attaché ?

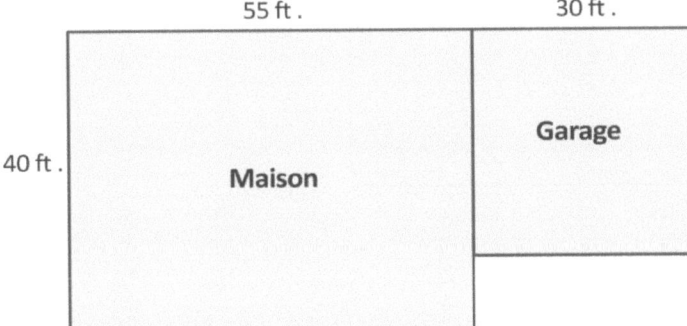

Leçon 23 : Résoudre différents problèmes de mots avec le périmètre.

4. Manny dessine 3 pentagones réguliers pour créer la forme illustrée ci-dessous. Le périmètre d' 1 des pentagones est 45 pouces (45 in). Quel est le périmètre de la nouvelle forme de Manny ?

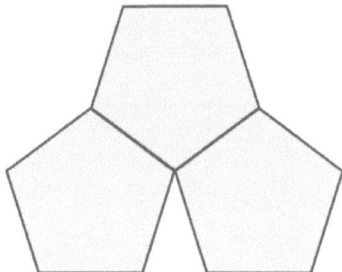

5. Johnny utilise des carreaux de 2 pouces carrés pour faire un carré, tel qu'illustré ci-dessous. Quel est le périmètre du carré de Johnny ?

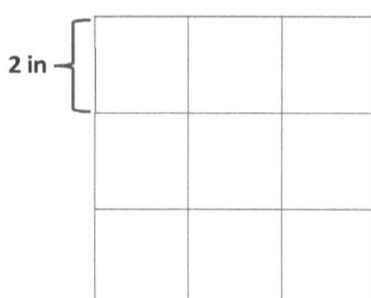

6. Lisa colle ensemble trois morceaux de papier de bricolage de 7 pouces (7 in) sur 9 pouces (9 in) pour faire un panneau de joyeux anniversaire pour sa maman. Elle utilise un morceau de ruban de 144 pouces (144 in) de long pour faire un bord autour du panneau. Quelle longueur de ruban reste-t-il ?

UNE HISTOIRE D'UNITÉS

Leçon 24 Aide aux devoirs

1. Robin dessine un carré avec un périmètre de 36 pouces. Quelle est la largeur et la longueur du carré ?

    $36 \div 4 = 9$

    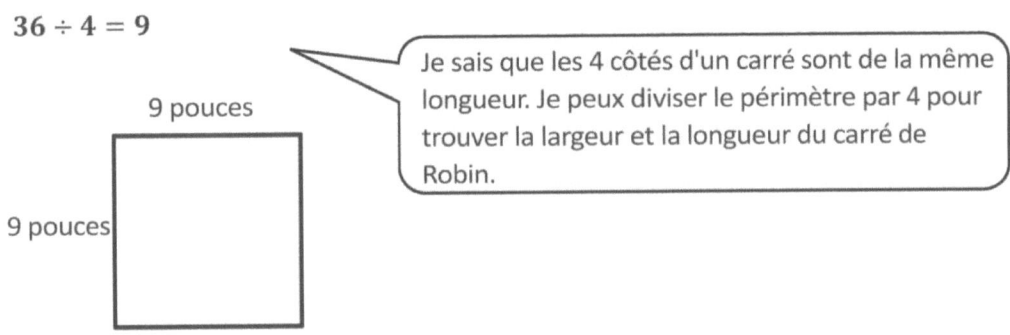

    Je sais que les 4 côtés d'un carré sont de la même longueur. Je peux diviser le périmètre par 4 pour trouver la largeur et la longueur du carré de Robin.

    La largeur et la longueur du carré de Robin sont de 9 pouces chacune.

2. Un rectangle a un périmètre de 16 centimètres.

    a. Fais une estimation pour dessiner autant de rectangles différents que tu peux qui ont un périmètre de 16 centimètres. Étiquette la largeur et la longueur de chaque rectangle.

    $16 \div 2 = 8$

$1 + 7 = 8$	$l = 1, L = 7$
$2 + 6 = 8$	$l = 2, L = 6$
$3 + 5 = 8$	$l = 3, L = 5$
$4 + 4 = 8$	$l = 4, L = 4$

    Je peux diviser le périmètre par 2 et trouver ensuite des paires de nombres qui ont une somme de 8.

    Je peux estimer pour dessiner les 4 rectangles que j'ai trouvés.

Leçon 24 : Utiliser des rectangles pour dessiner un robot avec des mesures de périmètres précisées et réfléchir aux différentes aires qui pourraient en résulter.

b. Explique la stratégie que tu as utilisée pour trouver les rectangles.

J'ai divisé le périmètre par 2, donc 16 ÷ 2 = 8. Puis j'ai trouvé des paires de nombres qui ont une somme de 8. Les paires de nombres qui ont des sommes de 8 me donnent des longueurs de côté de nombres entiers possibles pour des rectangles d'un périmètre de 16 centimètres.

> Je peux diviser le périmètre par 2 parce que le périmètre d'un rectangle peut être trouvé en additionnant la largeur et la longueur, puis en multipliant par 2.
>
> Périmètre = 2 x (largeur + longueur)
>
> Périmètre ÷ 2 x (largeur + longueur)

Nom _____ Date _____

1. Brian dessine un carré avec un périmètre de 24 pouces (24 in).
   Quelles sont la largeur et la longueur du carré?

2. Un rectangle a un périmètre de 18 centimètres.

   a. Fais une estimation pour dessiner autant de rectangles différents que tu peux qui ont un périmètre de 18 centimètres. Étiquette la largeur et la longueur de chaque rectangle.

   b. Combien de rectangles différents as-tu trouvés ?

   c. Explique la stratégie que tu as utilisée pour trouver les rectangles.

3. Le tableau ci-dessous montre les périmètres de trois rectangles.

    a. Écris les largeurs et longueurs possibles pour chaque périmètre donné.

Rectangle	Périmètre	Largeur et longueur
A	6 cm	_____ cm sur _____ cm
B	10 cm	_____ cm sur _____ cm
C	14 cm	_____ cm sur _____ cm

    b. Double les périmètres des rectangles de la partie (a). Ensuite, trouve les largeurs et longueurs possibles.

Rectangle	Périmètre	Largeur et longueur
A	12 cm	_____ cm sur _____ cm
B		_____ cm sur _____ cm
C		_____ cm sur _____ cm

UNE HISTOIRE D'UNITÉS — Leçon 25 Aide aux devoirs

La maison ci-dessous est faite de rectangles et de 1 triangle. Les longueurs de côtés de chaque rectangle sont étiquetées. Trouve le périmètre de chaque rectangle, et note-le dans le tableau de la page suivante.

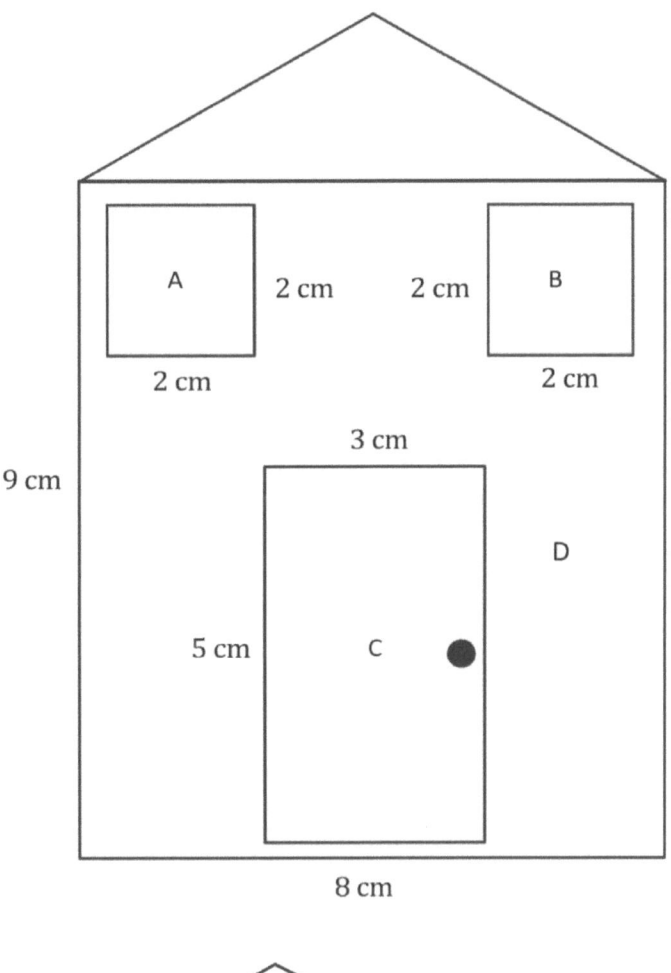

Je peux voir 4 rectangles : les 2 fenêtres, la porte et le contour de la maison.

Leçon 25 : Utiliser des rectangles pour dessiner un robot avec des mesures de périmètres précisées et réfléchir aux différentes aires qui pourraient en résulter.

Rectangle	Périmètre
A	4×2 cm $= 8$ cm Périmètre $= 8$ cm
B	4×2 cm $= 8$ cm Périmètre $= 8$ cm
C	5 cm $+ 5$ cm $+ 3$ cm $+ 3$ cm $= 16$ cm Périmètre $= 16$ cm
D	8 cm $+ 8$ cm $+ 9$ cm $+ 9$ cm $= 34$ cm Périmètre $= 34$ cm

> Les rectangles A et B sont des carrés, donc je peux trouver les périmètres en multipliant 4 x 2.

> Une autre stratégie que je peux utiliser pour trouver chaque périmètre consiste à additionner la largeur et la longueur du rectangle, puis à multiplier la somme par 2. Pour le Rectangle C, cela ressemblerait à ceci :
> $P = 2 \times (5 + 3)$
> $P = 2 \times 8$
> $P = 16$

Nom _____ Date _____

Le robot ci-dessous est fait de rectangles. Les longueurs de côtés de chaque rectangle sont étiquetées. Trouve le périmètre de chaque rectangle, et note-le dans le tableau de la page suivante.

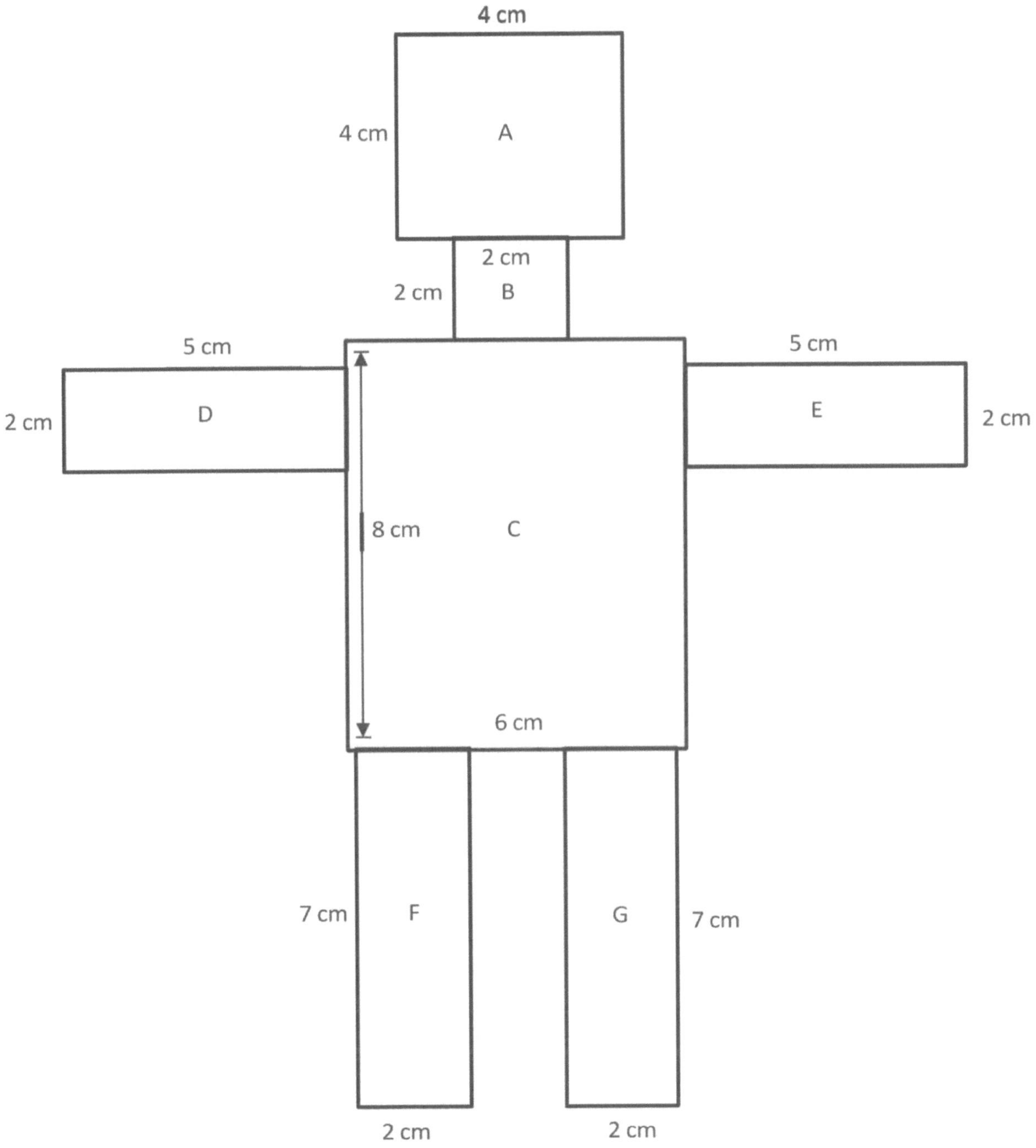

4 cm

4 cm   A

2 cm
2 cm   B

5 cm   5 cm
2 cm   D   E   2 cm

8 cm   C

6 cm

7 cm   F   G   7 cm

2 cm   2 cm

Leçon 25 : Utiliser des rectangles pour dessiner un robot avec des mesures de périmètres précisées et réfléchir aux différentes aires qui pourraient en résulter.

Rectangle	Périmètre
A	p = 4 × 4 cm P = 16 cm
B	
C	
D	
E	
F	
G	

Leçon 25 : Utiliser des rectangles pour dessiner un robot avec des mesures de périmètres précisées et réfléchir aux différentes aires qui pourraient en résulter.

| UNE HISTOIRE D'UNITÉS | Leçon 26 Aide aux devoirs | 3•7 |

Chaque élève de la classe de Mme William dessine un rectangle avec des longueurs de côtés qui ont des nombres entiers et un périmètre de 32 centimètres. Ensuite, ils trouvent l'aire de chaque rectangle et créent le tableau ci-dessous.

Aire en centimètres carrés	Nombre d'élèves
15	1
28	2
39	2
48	3
55	4
60	6
63	2
64	2

> Je sais qu'il peut y avoir de nombreuses aires différentes pour des rectangles ayant le même périmètre.

a. Que nous dit le tableau à propos du rapport entre l'aire et le périmètre ?

Le tableau montre 8 aires différentes pour des rectangles qui ont le même périmètre. Donc, je sais que l'aire et le périmètre sont 2 des choses séparées. Il n'y a aucun lien entre les deux.

b. Des élèves de la classe de Mme William ont-ils dessiné un carré ? Explique comment tu le sais.

Oui, 2 élèves ont dessiné un carré. Je le sais parce que j'ai trouvé toutes les longueurs de côté possibles de rectangles ayant un périmètre de 32 cm, et un rectangle a toutes les longueurs de côté égales de 8 cm. Un carré dont les côtés ont une longueur de 8 cm a une superficie de 64 cm carrés. Sur le tableau, il montre que 2 élèves ont dessiné un rectangle d'une superficie de 64 centimètres carrés.

> Le périmètre est le double de la somme de la largeur et de la longueur d'un rectangle. Pour trouver la longueur des côtés d'un rectangle ayant un périmètre de 32, je vais commencer par diviser le périmètre par 2 pour obtenir 16. Ensuite, je peux trouver des paires de nombres qui s'additionnent jusqu'à 16. Ce sont les longueurs de côté possibles.

c. Quelles sont les longueurs de côtés du rectangle que la plupart des élèves de Mme William ont dessinées ?

Je vois que la plupart des élèves ont dessiné un rectangle avec une aire de 60 centimètres carrés. Les longueurs de côtés de ce rectangle sont 6 cm et 10 cm.

Leçon 26 : Utiliser des rectangles pour dessiner un robot avec des mesures de périmètres précisées et réfléchir aux différentes aires qui pourraient en résulter.

Nom _____ Date _____

1. Utilise les rectangles A et B pour répondre aux questions ci-dessous.

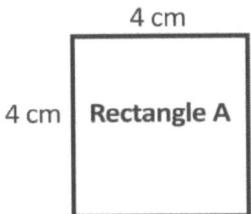 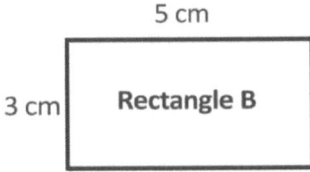

   a. Quel est le périmètre du rectangle A ?

   b. Quel est le périmètre du rectangle B ?

   c. Quelle est l'aire du rectangle A ?

   d. Quelle est l'aire du rectangle B ?

   e. Utilise tes réponses aux parties (a–d) pour t'aider à expliquer le rapport entre l'aire et le périmètre.

2. Chaque élève de la classe de Mme Dutra dessine un rectangle avec des longueurs de côtés qui ont des nombres entiers et un périmètre de 28 centimètres. Ensuite, ils trouvent l'aire de chaque rectangle et créent le tableau ci-dessous.

Aire en centimètres carrés	Nombre d'élèves
13	2
24	1
33	3
40	5
45	4
48	2
49	2

a. Donne deux exemples venant de la classe de Mme Dutra pour montrer comment il est possible d'avoir des aires différentes pour des rectangles qui ont le même périmètre.

b. Des élèves de la classe de Mme Dutra ont-ils dessiné un carré ? Explique comment tu le sais.

c. Quelles sont les longueurs de côtés de rectangle que la plupart des élèves de la classe de Mme Dutra ont faites pour un périmètre de 28 centimètres ?

Note les périmètres et les aires des rectangles dans le tableau de la page suivante.

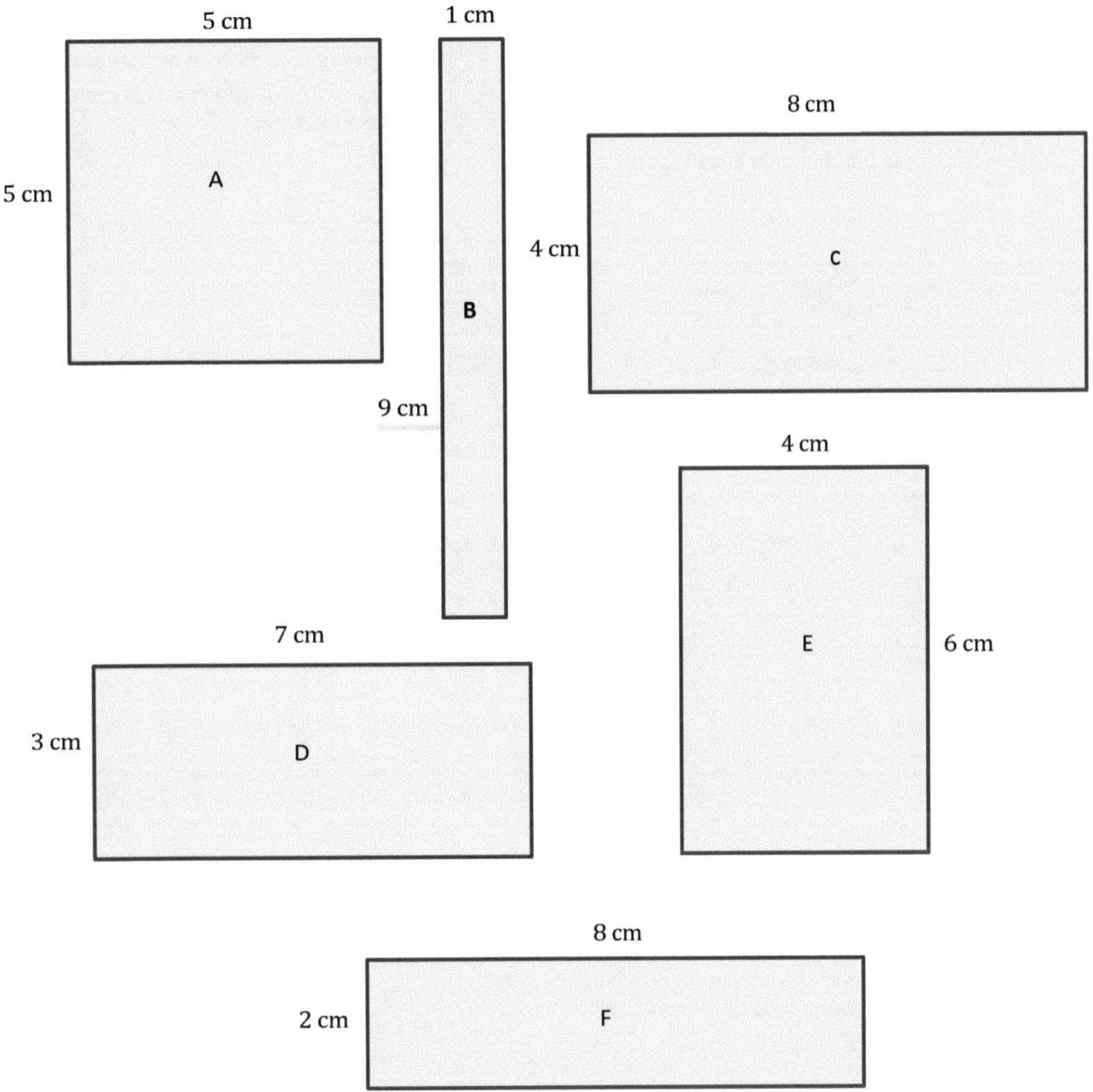

> Je peux choisir d'utiliser le calcul mental pour résoudre le périmètre et l'aire.
> Je n'ai pas besoin d'écrire des phrases de multiplication et d'addition si je peux le faire dans ma tête.

1. Trouve l'aire et le périmètre de chaque rectangle.

Rectangle	Largeur et Longeur	Périmètre	Aire
A	__5__ cm par __5__ cm	$4 \times 5 \text{ cm} = 20 \text{ cm}$	$5 \text{ cm} \times 5 \text{ cm} = 25 \text{ cm}^2$
B	__9__ cm par __1__ cm	$18 \text{ cm} + 2 \text{ cm} = 20 \text{ cm}$	$9 \text{ cm} \times 1 \text{ cm} = 9 \text{ cm}^2$
C	__4__ cm par __8__ cm	$8 \text{ cm} + 16 \text{ cm} = 20 \text{ cm}$	$4 \text{ cm} \times 8 \text{ cm} = 32 \text{ cm}^2$
D	__3__ cm par __7__ cm	$6 \text{ cm} + 14 \text{ cm} = 20 \text{ cm}$	$3 \text{ cm} \times 7 \text{ cm} = 21 \text{ cm}^2$
E	__6__ cm par __4__ cm	$12 \text{ cm} + 8 \text{ cm} = 20 \text{ cm}$	$6 \text{ cm} \times 4 \text{ cm} = 24 \text{ cm}^2$
F	__2__ cm par __8__ cm	$4 \text{ cm} + 16 \text{ cm} = 20 \text{ cm}$	$2 \text{ cm} \times 8 \text{ cm} = 16 \text{ cm}^2$

2. Que remarques-tu à propos des périmètres de tous les rectangles ?

   Tous les rectangles ont des longueurs de côté différentes mais le même périmètre de 20 cm.

   > Je constate à nouveau que le périmètre et l'aire n'ont aucun lien l'un avec l'autre.

3. Quel rectangle est un carré ? Comment le sais-tu ?

   Le rectangle A est un carré. Je le sais parce que la largeur et la longueur ont la même mesure. Étant donné que les côtés opposé des rectangles sont égaux, le rectangle A a toutes les longueurs de cotés égales et 4 angles droits. Cela veut dire que c'est un carré !

Nom _____ Date _____

Note les périmètres et les aires des rectangles dans le tableau de la page suivante.

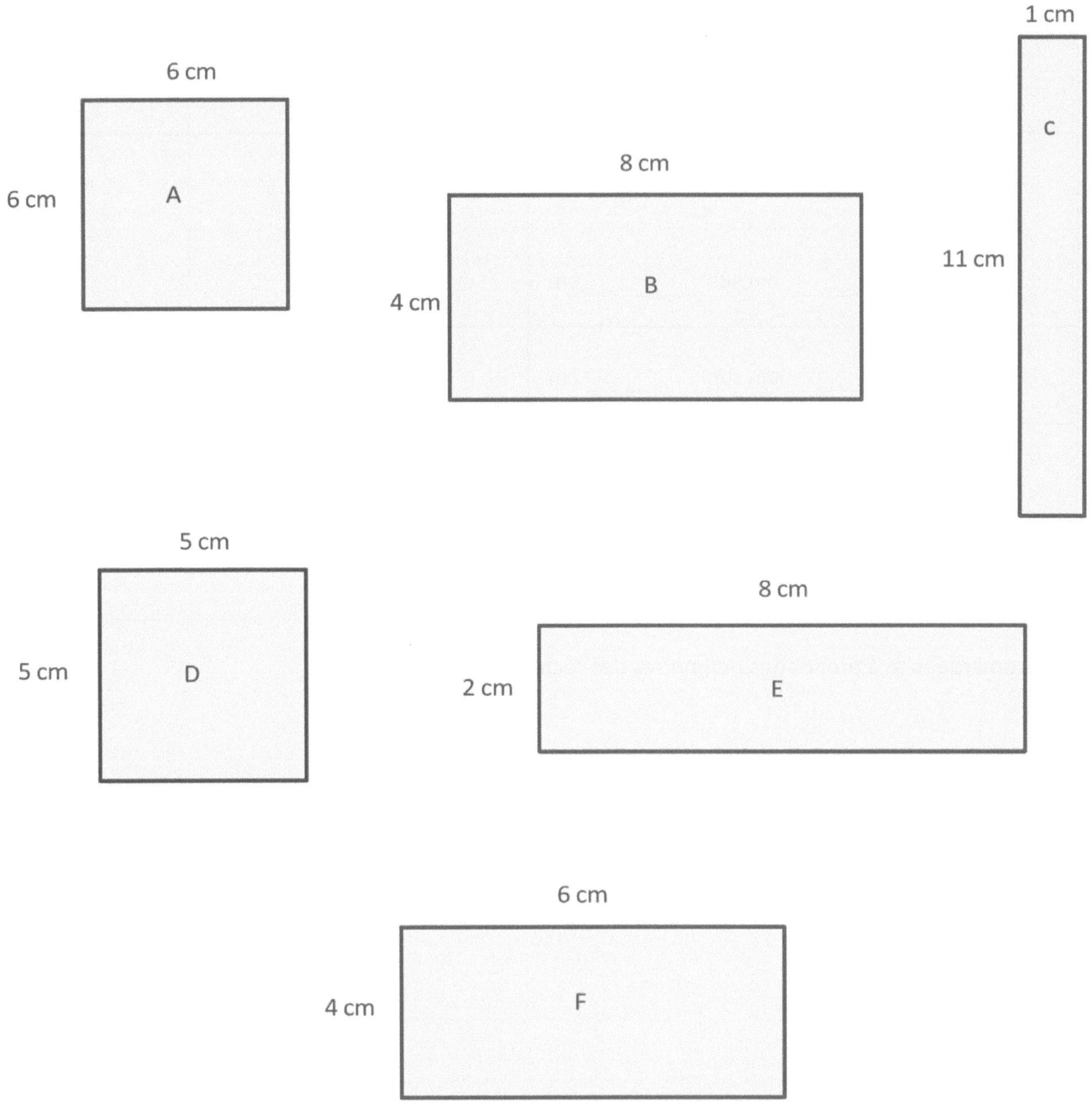

A : 6 cm × 6 cm

B : 8 cm × 4 cm

C : 1 cm × 11 cm

D : 5 cm × 5 cm

E : 8 cm × 2 cm

F : 6 cm × 4 cm

Leçon 27 : Utiliser des rectangles pour dessiner un robot avec des mesures de périmètres précisées et réfléchir aux différentes aires qui pourraient en résulter.

1. Trouve l'aire et le périmètre de chaque rectangle.

Rectangle	Largeur et longueur	Périmètre	Aire
A	_____ cm sur _____ cm		
B	_____ cm sur _____ cm		
C	_____ cm sur _____ cm		
D	_____ cm sur _____ cm		
E	_____ cm sur _____ cm		
F	_____ cm sur _____ cm		

2. Que remarques-tu à propos des périmètres des rectangles A, B et C ?

3. Que remarques-tu à propos des périmètres des rectangles D, E et F ?

4. Deux rectangles sont des carrés, lesquels ? Quel carré a le plus grand périmètre ?

Une feuille de papier de bricolage carrée a des longueurs de côtés de 9 pouces.

a. Fais une estimation pour dessiner la feuille de papier carrée, et étiquette les longueurs de côtés.

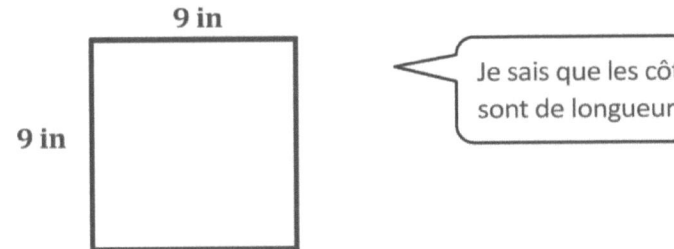

Je sais que les côtés d'un carré sont de longueur égale.

b. Quelle est l'aire de la feuille carrée ?

$A = 9 \text{ in} \times 9 \text{ in}$
$\quad = 81 \text{ sq in}$

L'aire de la feuille est 81 pouces carrés.

J'ai trouvé la réponse à 9 × 9 en utilisant un fait des dizaines et le calcul mental. J'ai pensé au problème comme suit : 9 × 10 = 90, et 90 - 9 = 81.

c. Quel est le périmètre de la feuille carrée ?

$P = 4 \times 9 \text{ in}$
$\quad = 36 \text{ in}$

Le périmètre de la feuille carrée est 36 pouces.

J'ai choisi d'écrire une phrase de multiplication plutôt qu'une phrase d'addition répétée parce que c'est plus efficace. Je peux aussi penser à ce problème comme 4 × 10 = 40, et 40 - 4 = 36.

d. Caitlyn assemble trois de ces feuilles carrées pour faire une longue banderole. Quel est le périmètre de la nouvelle banderole rectangulaire ?

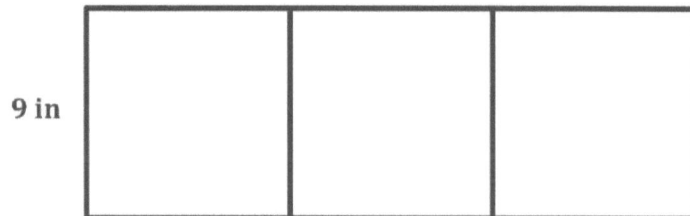

$P = 8 \times 9 \text{ in}$
$ = 72 \text{ in}$

La longueur du côté de chaque papier carré est de 9 pouces. Je peux compter pour trouver que 8 côtés des carrés constituent le périmètre de la bannière.
$8 \times 9 \text{ in} = 72 \text{ in}$

$P = 9 \text{ in} + 9 \text{ in} + 27 \text{ in} + 27 \text{ in}$
$ = 72 \text{ in}$

Le périmètre total de la bannière de Caitlyn est de 72 pouces.

Une autre stratégie consiste à trouver d'abord les longueurs des côtés du rectangle. Je sais qu'un côté du rectangle fait toujours 9 pouces, mais l'autre côté a triplé pour atteindre 27 pouces. Je peux additionner toutes les longueurs de côté, mais ce n'est pas un problème très facile. Multiplier, comme je l'ai fait plus haut, est un peu plus facile.

e. Quelle est l'aire totale de la banderole de Caitlyn ?

$A = (3 \times 81 \text{ sq in})$
$ = (3 \times 80 \text{ sq in}) + (3 \times 1 \text{ sq in})$
$ = 240 \text{ sq in} + 3 \text{ sq in}$
$ = 243 \text{ sq in}$

Je peux utiliser la stratégie de séparation et de distribution pour m'aider à trouver la réponse à cette difficile équation de multiplication. Je peux d'abord penser à 3 x 80 sous forme d'unité comme 3 x 8 dizaines = 24 dizaines, ce qui a une valeur de 240. Ensuite, je dois juste me souvenir d'ajouter le produit de 3 x 1.

L'aire totale de la banderole de Caitlyn est 243 pouces carrés.

Nom _____ Date _____

1. Carl dessine un carré qui a une longueur de côté de 7 centimètres.

    a. Fais une estimation pour dessiner le carré de Carl, et étiquette les longueurs de côtés.

    b. Quelle est l'aire du carré de Carl ?

    c. Quel est le périmètre du carré de Carl ?

    d. Carl dessine deux de ces carrés pour faire un long rectangle. Quel est le périmètre de ce rectangle ?

Leçon 28 : Résoudre différents problèmes de mots impliquant l'aire et le périmètre en utilisant toutes les quatre opérations.

2. M. Briggs place de la nourriture pour la fête de classe sur une table rectangulaire. La table a un périmètre de 18 pieds (18 ft) et une largeur de 3 pieds (ft).

   a. Fais une estimation pour dessiner la table, et étiquette les longueurs de côtés.

   b. Quelle est la longueur de la table ?

   c. Quelle est l'aire de la table ?

   d. M. Briggs place trois de ces tables côte à côte pour faire 1 longue table. Quelle est l'aire de la longue table ?

Josh met deux rectangles ensemble pour faire la figure en L ci-dessous. Il mesure certaines des longueurs de côtés et les notes tel qu'indiqué.

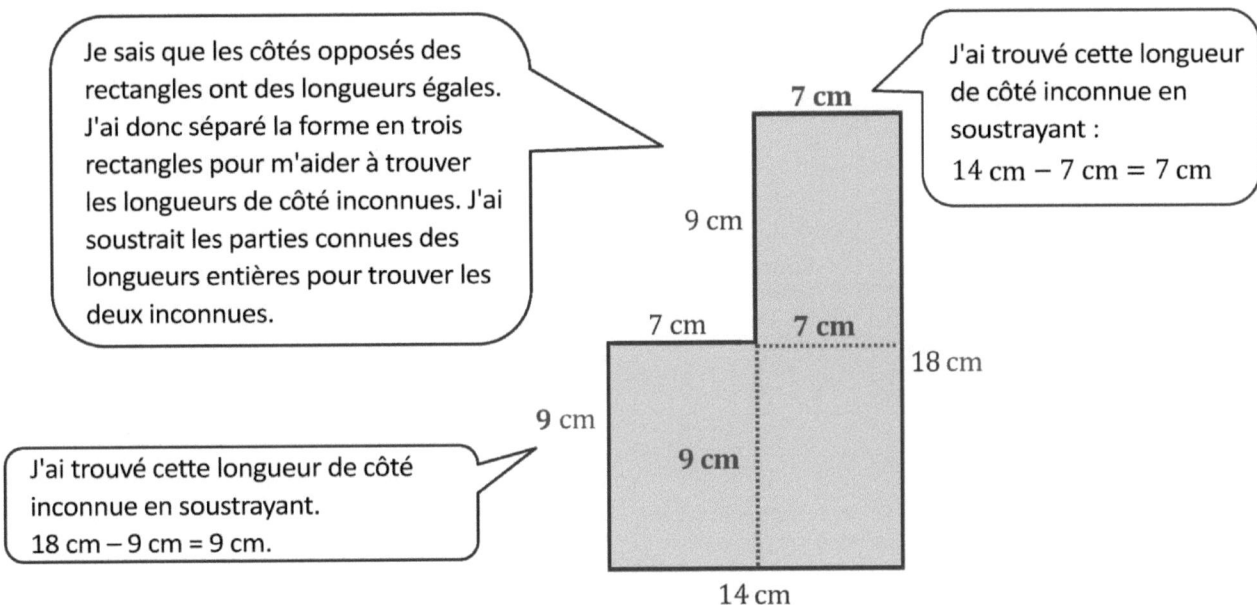

a. Trouve le périmètre de la forme de Josh.

$$P = (2 \times 18 \text{ cm}) + (2 \times 14 \text{ cm})$$
$$= 36 \text{ cm} + 28 \text{ cm}$$
$$= 64 \text{ cm}$$

Le périmètre de la forme de Josh est 64 cm.

b. Trouve l'aire de la forme de Josh.

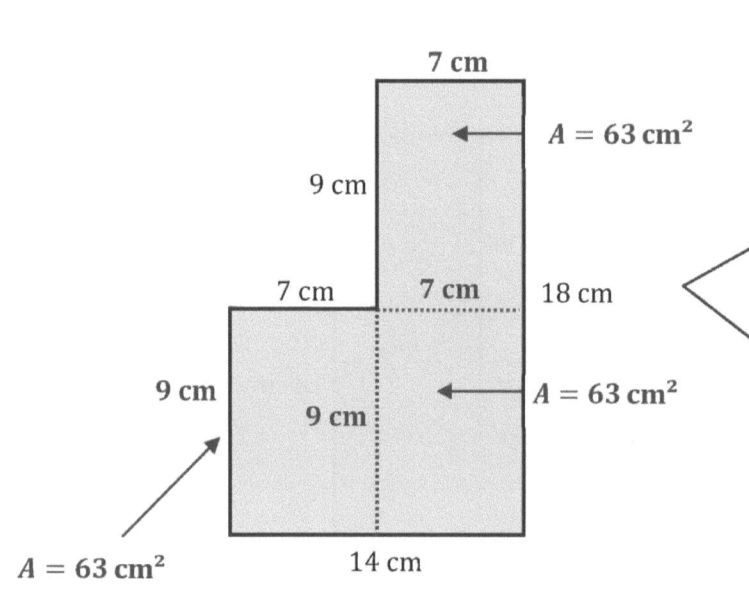

> Il existe de nombreuses façons de briser cette forme. J'ai choisi de le diviser en 3 rectangles et de trouver la superficie de chacun. J'ai constaté que chacun des trois rectangles a une superficie de 63 cm². Pour trouver la superficie totale de la forme, je peux simplement ajouter 63 trois fois ou écrire une phrase de multiplication.

$$A = 3 \times 63 \text{ cm}^2$$
$$= (3 \times 60 \text{ cm}^2) + (3 \times 3 \text{ cm}^2)$$
$$= 180 \text{ cm}^2 + 9 \text{ cm}^2$$
$$= 189 \text{ cm}^2$$

> Je peux utiliser le langage des formes unitaires pour m'aider à résoudre 3 x 60. C'est la même chose que 3 x 6 dizaines. Cela égale 18 dizaines, ce qui a une valeur de 180.

L'aire de la forme de Josh est **189 cm².**

Nom _____ Date _____

1. Katherine met deux carrés ensemble pour faire le rectangle ci-dessous. Les longueurs de côtés du carré mesurent 8 pouces (8 in).

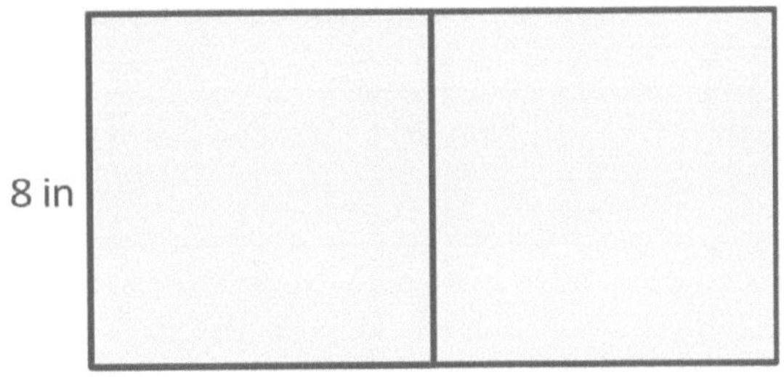

   8 in

   a. Quel est le périmètre du rectangle que Katherine a fait avec ses 2 carrés ?

   b. Quelle est l'aire du rectangle de Katherine ?

   c. Katherine décide de dessiner un autre rectangle de la même taille. Quelle est l'aire du nouveau rectangle, plus grand ?

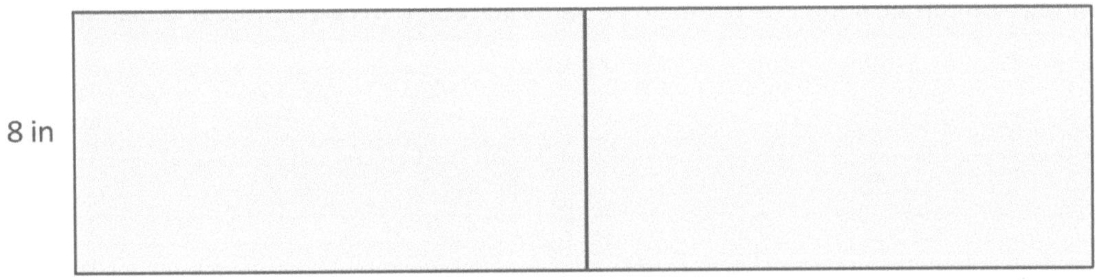

   8 in

2. Daryl dessine 6 rectangles de tailles égales, tel qu'illustré ci-dessous, pour faire un nouveau rectangle, plus grand. L'aire d'un des petits rectangles est 12 centimètres carrés, et la largeur du petit rectangle est 4 centimètres.

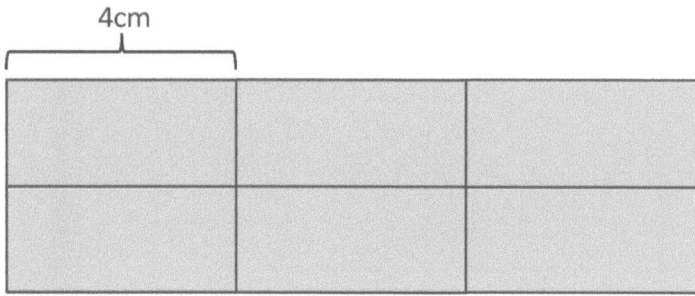

a. Quel est le périmètre du nouveau rectangle de Daryl ?

b. Quelle est l'aire du nouveau rectangle de Daryl ?

3. Le terrain de foot du centre sportif mesure 35 yards sur 65 yards. Chris dribble le ballon de foot autour du périmètre du terrain 4 fois. Sur combien de yards au total Chris a-t-il dribblé le ballon ?

Andrew résout le problème suivant tel qu'indiqué ci-dessous.

Un terrain de basket mesure 74 pieds (ft) sur 52 pieds (ft). Bill dribble le ballon de basket le long des lignes latérales du terrain 3 fois. Sur combien de pieds (ft) au total Bill a-t-il dribblé le ballon ?

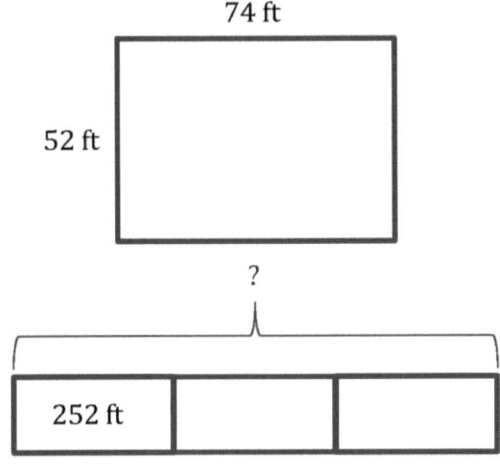

$P = 52\text{ ft} + 74\text{ ft} + 52\text{ ft} + 74\text{ ft}$
$= 126\text{ ft} + 126\text{ ft}$
$= 252\text{ ft}$

$252 + 252 + 252$
$= 750 + 6$
$= 756$

Bill dribble le ballon sur 756 pieds (ft).

1. Quelles stratégies Andrew a-t-il utilisées pour résoudre ce problème ?

   Andrew a fait un dessin du terrain de basket-ball et a marqué les longueurs des côtés. Puis il a ajouté pour trouver le périmètre. Enfin, il a utilisé un diagramme à bandes pour trouver le total des 3 périmètres.

   > L'analyse du travail de mes camarades de classe améliore mes compétences en matière de résolution de problèmes, car je suis capable de voir différentes façons, parfois plus efficaces, de résoudre un problème.

2. Qu'est-ce qu'Andrew a bien fait ?

   Andrew a utilisé toutes les étapes du processus Lecture-Dessin-Écriture. Il a utilisé le calcul mental. Il a aussi dessiné et étiqueté un diagramme en bande pour montrer son raisonnement à la deuxième étape.

3. Quelles suggestions donnerais-tu à Andrew pour améliorer son travail ?

   Des suggestions seraient pour Andrew d'utiliser une lettre pour représenter l'inconnue sur le diagramme en bande et d'étiqueter les unités dans sa phrase d'addition.

4. Quelles stratégies voudrais-tu essayer sur base du travail d'Andrew ?

   Je voudrais m'entraîner à penser à des nombres comme 252 + 252 + 252 comme (250 + 250 + 250) + (2 + 2 + 2). Cela m'aidera à utiliser des stratégies de calcul mental pour ajouter et ne pas devoir utiliser autant l'algorithme.

   > Il est utile que mes camarades de classe analysent mon travail, car cela me permet d'avoir des idées sur la façon de l'améliorer.

Nom _____ Date _____

Utilise ce formulaire pour commenter la résolution de problème de l'élève A à la page suivante.

Élève :	Élève A	Numéro du problème :	
Stratégies utilisées par l'élève A :			
Choses que l'élève A a bien faites :			
Suggestions d'amélioration :			
Stratégies que je voudrais essayer sur base du travail de l'élève A :			

Leçon 30 : Partager et commenter les stratégies de ses pairs pour résoudre des problèmes.

Nom __ÉLÈVE A_____   Date _____

1. Katherine met 2 carrés ensemble pour faire le rectangle ci-dessous. Les longueurs de côtés des carrés mesurent 8 pouces (8 in).

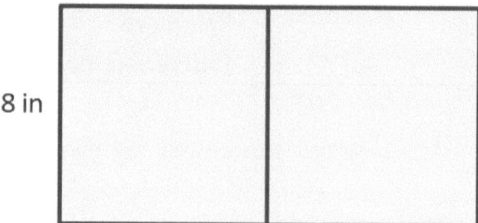

a. Quel est le périmètre du rectangle de Katherine ?

b. Quelle est l'aire du rectangle de Katherine ?

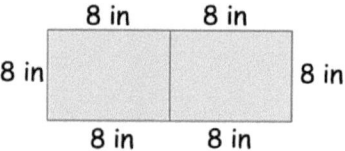

p = 6 × 8 in

p = 48 in

Le périmètre est de 48 pouces (48 in).

A = (8 × 10) + (8 × 6)

A = 80 + 48

La superficie est de 128 sq in.

c. Katherine dessine 2 des rectangles du problème 1 côte à côte. Son nouveau rectangle plus grand est représenté ci-dessous. Quelle est l'aire du nouveau rectangle, plus grand ?

8 in

16 in

8 in | 128 sq in | 128 sq in |

A = 128 sq in + 128 sq in
A = 256 sq in

L'aire du nouveau rectangle est de 256 sq in.

1. Utilise le rectangle ci-dessous pour répondre au Problème 1 (a)–(d).

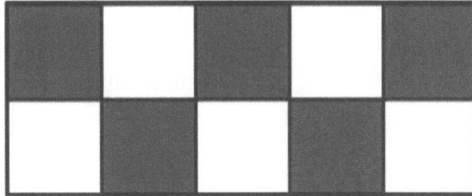

   a. Quelle est l'aire du rectangle en unités carrées ?

   L'aire du rectangle est de 10 unités carrées.

   > Je peux trouver l'aire en multipliant les longueurs des côtés.
   > $2 \times 5 = 10$
   > Ou alors, je peux compter les unités carrées.
   > Dans les deux cas, la réponse est la même !

   b. Quelle est l'aire de la moitié du rectangle en unités carrées ?

   $10 \div 2 = 5$
   L'aire de la moitié du rectangle est de 5 unités carrées.

   > Je peux diviser l'aire totale par 2 pour trouver l'aire de la moitié du rectangle.

   c. Colorie la moitié du rectangle ci-dessus. Sois créatif dans ton coloriage !

   > Je peux utiliser ma réponse à la partie (b) pour m'aider à ombrager la moitié du rectangle.

   d. Explique comment tu sais que tu as colorié la moitié du rectangle.

   Je sais que j'ai colorié la moitié du rectangle parce que j'ai colorié 5 unités carrées et que l'aire de la moitié du rectangle est 5 unités carrées.

Leçon 31 : Explorer et créer des représentations peu conventionnelles d'une moitié.

2. AU cours d'art, Mia dessine une forme et ensuite elle en colorie la moitié. Analyse le travail de Mia. Détermine si elle a raison ou non, et explique ton raisonnement.

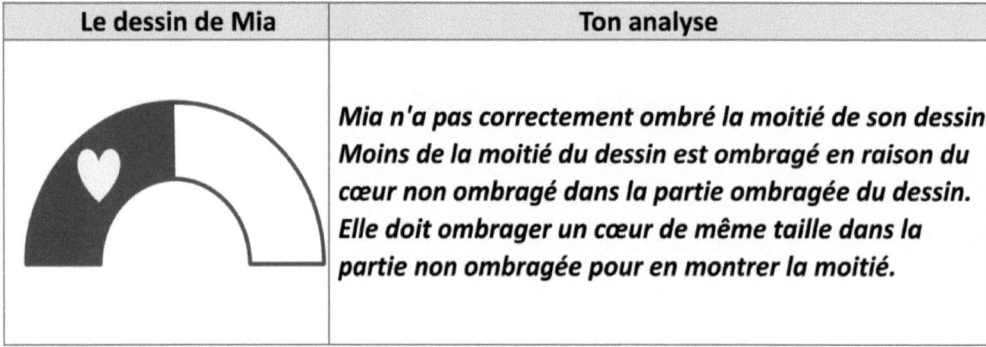

Mia n'a pas correctement ombré la moitié de son dessin. Moins de la moitié du dessin est ombragé en raison du cœur non ombragé dans la partie ombragée du dessin. Elle doit ombrager un cœur de même taille dans la partie non ombragée pour en montrer la moitié.

Je peux imaginer à quoi pourrait ressembler le dessin de Mia si elle l'avait ombré correctement. Cela pourrait ressembler à ça :

3. Colorie la grille ci-dessous pour montrer deux manières différentes de colorier la moitié de chaque forme.

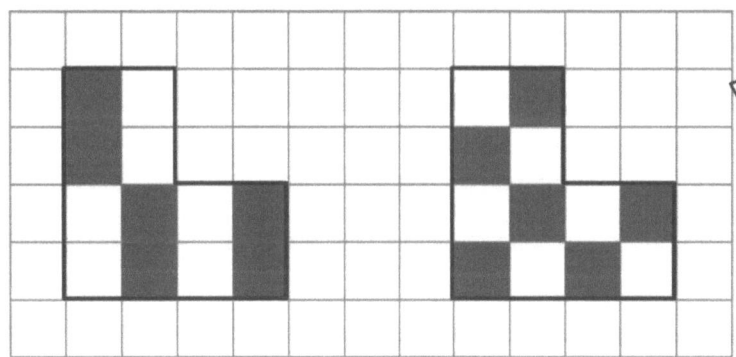

Je peux trouver la superficie totale de chaque forme en comptant les unités carrées. Ensuite, je peux diviser ce nombre par 2 pour savoir combien d'unités carrées il faut ombrager pour en montrer la moitié. Je peux ombrager 6 unités carrées pour chaque forme.
$12 \div 2 = 6$

Nom _____ Date _____

1. Utilise le rectangle ci-dessous pour répondre au Problème 1 (a–d).

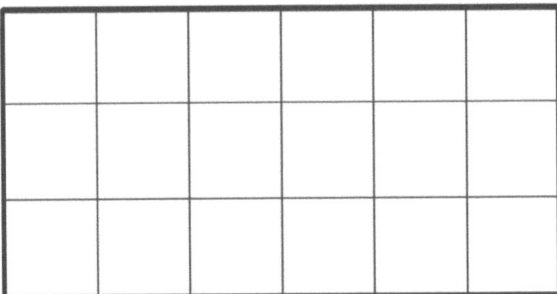

a. Quelle est l'aire du rectangle en unités carrées ?

b. Quelle est l'aire de la moitié du rectangle en unités carrées ?

c. Colorie la moitié du rectangle ci-dessus. Sois créatif dans ton coloriage !

d. Explique comment tu sais que tu as colorié la moitié du rectangle.

Leçon 31 : Explorer et créer des représentations peu conventionnelles d'une moitié.

2. Au cours de math, Arthur, Emily, et Gia ont dessiné une forme et ensuite ils en colorié la moitié. Analyse le travail de chaque élève. Détermine si chaque élève avait raison ou non, et explique ton raisonnement.

Élève	Dessin	Ton analyse
Arthur		
Emily		
Gia		

3. Colorie la grille ci-dessous pour montrer deux manières différentes de colorier la moitié de chaque forme.

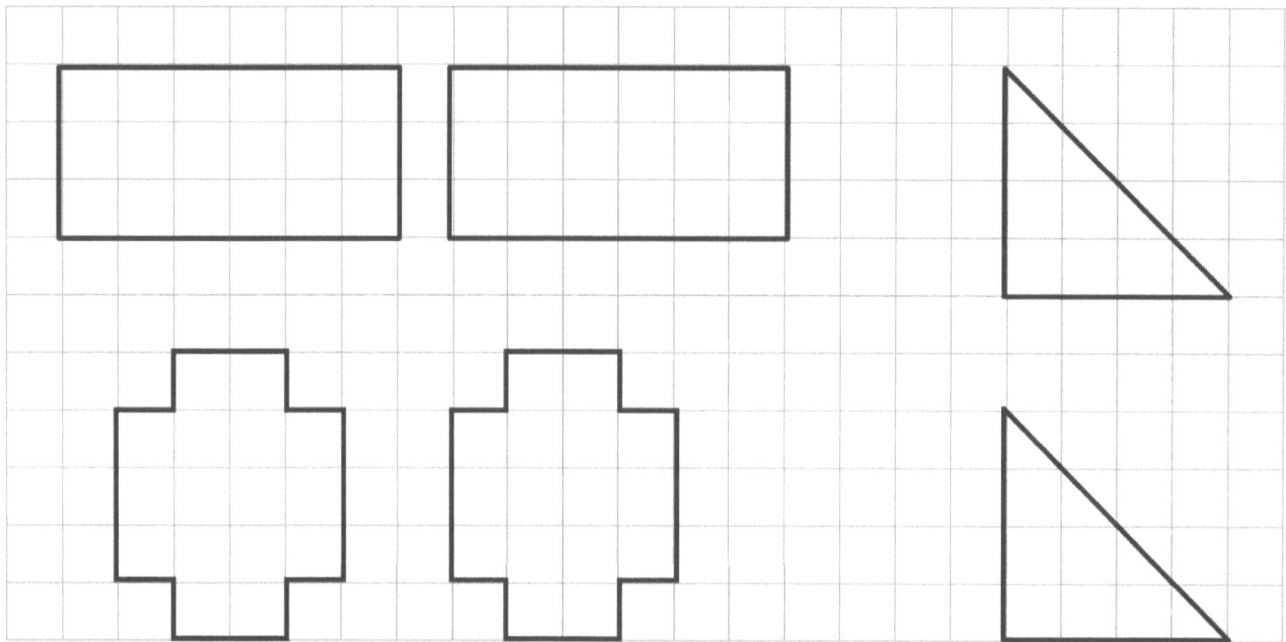

UNE HISTOIRE D'UNITÉS

Leçon 32 Aide aux devoirs 3•7

1. Fais une estimation pour finir de colorier le cercle ci-dessous de sorte qu'il est colorié à moitié.

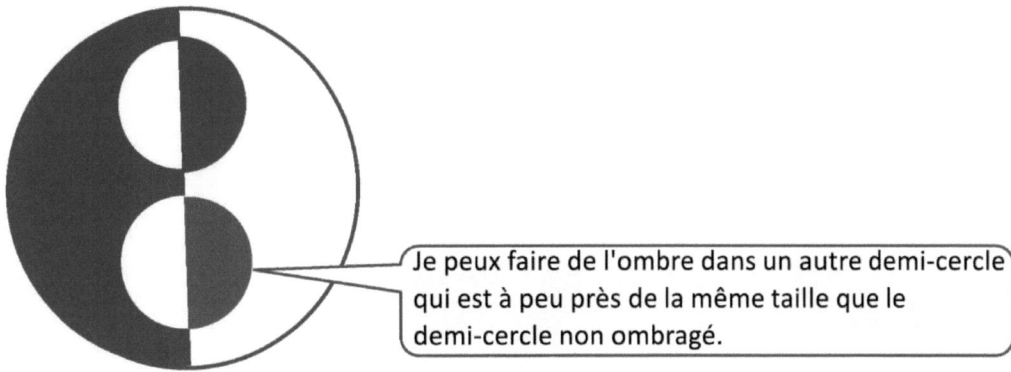

Je peux faire de l'ombre dans un autre demi-cercle qui est à peu près de la même taille que le demi-cercle non ombragé.

2. Explique comment tu sais que le cercle du problème 1 est environ grisé à moitié.

Je sais que le cercle du problème 1 est environ grisé à moitié parce que je peux imaginer les petits cercles à moitié grisés retournés et placés dans la partie grisée du cercle. Alors, il serait facile de voir que le cercle est environ à moitié grisé parce qu'il ressemblerait à ceci :

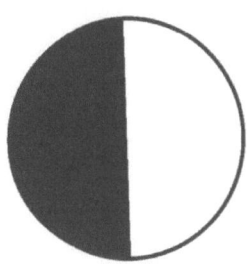

Je peux aussi imaginer la grande partie ombragée retournée sur la partie non ombragée. Le cercle ressemblerait alors à ceci :

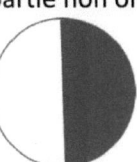

Dans les deux cas, il est facile de voir qu'il est à moitié ombragé.

3. Peux-tu dire que le cercle du problème 1 et exactement grisé à moitié ? Pourquoi ou pourquoi pas ?

Non, je ne peux pas dire que le cercle du problème 1 est exactement à moitié ombragé parce qu'il n'y a pas de lignes de quadrillage, et j'ai dû faire une estimation pour ombrager le petit demi-cercle. Quand je fais une estimation, je sais que ma réponse n'est pas exacte.

Je peux également dire que le cercle n'est pas exactement à moitié ombragé car les instructions pour les problèmes 1 et 2 utilisent le mot *environ*. Quand je vois le mot *environ*, je sais que la réponse n'est pas exacte ; il s'agit d'une estimation.

Leçon 32 : Explorer et créer des représentations peu conventionnelles d'une moitié.

4. Wilson et Laurie ont grisé les cercles tel qu'illustré ci-dessous.

Le cercle de Wilson

Le cercle de Laurie

a. Qui a le cercle grisé à moitié environ ? Comment le sais-tu ?

Le cercle de Laurie est grisé environ à moitié. Je peux imaginer le dessin dans la partie supérieure du cercle retournée et déplacée dans le bas du cercle. Alors, la partie inférieure du cercle de Laurie serait entièrement grisée, ce qui veut dire que le cercle serait à moitié grisé.

Je vois que le montant ombré est à peu près le même que le montant non ombré dans le cercle de Laurie. Cela signifie que le cercle de Laurie est à peu près à moitié ombragé.

b. Explique comment le cercle qui n'est pas à moitié grisé peut être modifié pour être à moitié grisé.

Le cercle de Wilson est trop ombragé. Il doit effacer un petit cercle dans l'une des parties ombrées qui correspond au petit cercle ombré.

Ou bien, Wilson peut effacer le petit cercle ombragé. Son cercle entier serait alors à peu près à moitié ombragé.

Nom _____ Date _____

1. Fais une estimation pour terminer le coloriage des cercles ci-dessous de sorte que chaque cercle est environ à moitié grisé.

   a.    b. 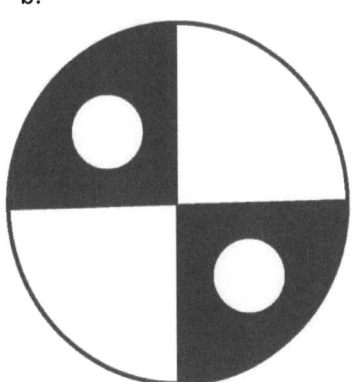   c.

2. Choisis l'un des cercles du problème 1, et explique comment tu sais qu'il est environ à moitié grisé.

   Cercle _____

3. Peux-tu dire que les cercles du problème 1 sont exactement grisés à moitié ? Pourquoi ou pourquoi pas ?

Leçon 32 : Explorer et créer des représentations peu conventionnelles d'une moitié.

4. Marissa et Jake colorient des cercles tel qu'illustré ci-dessous.

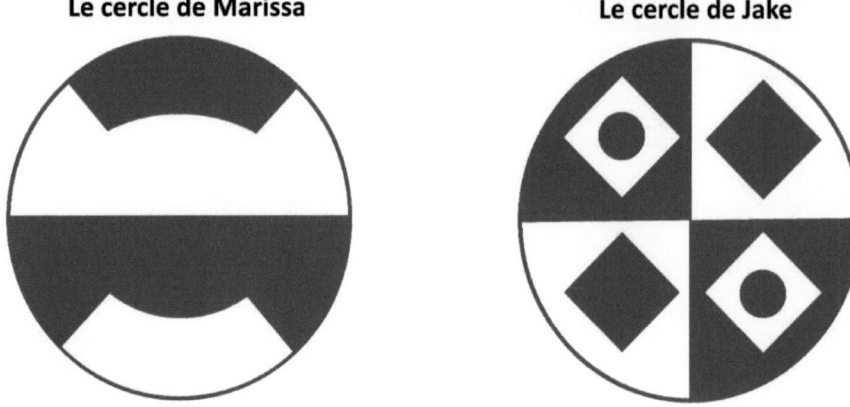

a. Qui a le cercle grisé à moitié environ ? Comment le sais-tu ?

b. Explique comment le cercle qui n'est pas à moitié grisé peut être modifié pour être à moitié grisé.

5. Fais une estimation pour griser environ une moitié de chaque cercle ci-dessous d'une manière inhabituelle.

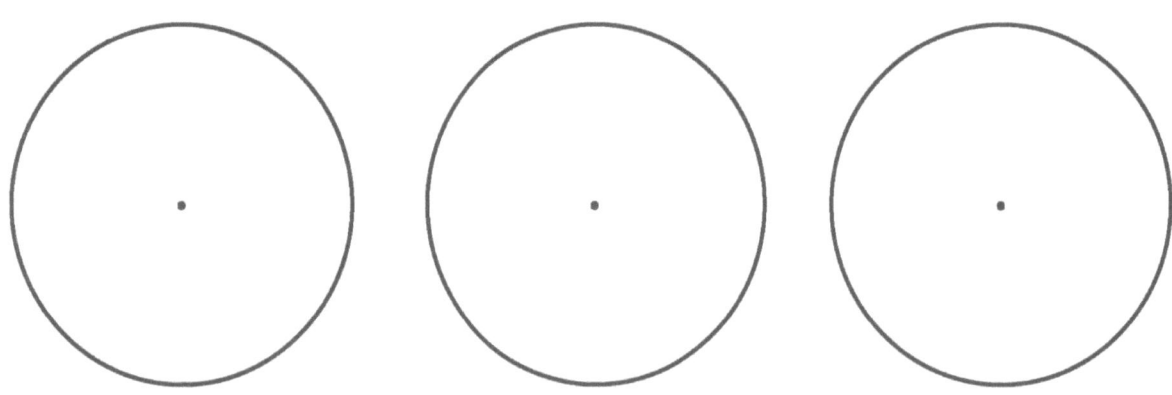

UNE HISTOIRE D'UNITÉS | Leçon 33 Aide aux devoirs | 3•7

Montre à un membre de ta famille ton jeu de maîtrise préféré que tu as appris en classe. Note les informations à propos du jeu que tu montres ci-dessous.

Nom du jeu :

Formes de partition

> Je peux choisir n'importe quelle activité dans la liste que mon professeur m'a donnée et l'enseigner à quelqu'un à la maison. Je sais comment jouer le jeu par moi-même, mais parfois on apprend quelque chose en l'enseignant à quelqu'un d'autre. Cela m'a aidé à réfléchir davantage aux fractions lorsque j'ai dû montrer à ma sœur ce que nous devions faire.

Matériel utilisé :

Les seules choses dont nous avons eu besoin étaient des tableaux blancs et des marqueurs.

Nom de la personne a qui tu as appris à jouer :

J'ai appris le jeu à ma sœur Sonia.

Décris comment c'était d'enseigner le jeu. Était-ce facile ? Difficile ? Pourquoi ?

J'ai l'habitude d'apprendre des jeux de mon institutrice et ensuite de jouer avec mes amis. Apprendre à quelqu'un d'autre était amusant, mais ce n'était pas facile. Même si je sais comment jouer à ce jeu, je me suis rendu(e) compte après avoir commencé que j'avais oublié d'expliquer des parties importantes.

Jouerez-vous encore ensemble à ce jeu ? Pourquoi ou pourquoi pas ?

Oui. On aime dessiner des formes sur nos tableaux blancs. Ma sœur ne connaissait pas les fractions, alors j'ai pu lui montrer. Cela m'a plu. On essaiera d'autres jeux aussi.

Était-ce aussi amusant de jouer à ce jeu à la maison qu'en classe ? Pourquoi ou pourquoi pas ?

C'était très amusant de jouer à la maison parce que j'ai pu le montrer à ma sœur.

Leçon 33 : Consolider la maîtrise des compétences de CE2.

Nom _____ Date _____

Montre à un membre de ta famille ton jeu de maîtrise préféré que tu as appris en classe. Note les informations à propos du jeu que tu montres ci-dessous.

Nom du jeu : _____
_____

Matériel utilisé : _____
_____

Nom de la personne à qui tu as appris à jouer : _____

Décris comment c'était d'enseigner le jeu. Était-ce facile ? Difficile ? Pourquoi ? _____
_____
_____
_____

Jouerez-vous encore ensemble à ce jeu ? Pourquoi et pourquoi pas ? _____
_____
_____

Était-ce aussi amusant de jouer à ce jeu à la maison qu'en classe ? Pourquoi et pourquoi pas ? _____
_____
_____

Leçon 33 : Consolider la maîtrise des compétences de CE2.

Crédits

Great Minds® a fait tout son possible pour obtenir l'autorisation de réimprimer tout le matériel protégé par des droits d'auteur. Si un propriétaire de matériel protégé par des droits d'auteur n'est pas mentionné dans le présent document, veuillez contacter Great Minds pour qu'il soit dûment mentionné dans toutes les éditions et réimpressions futures de ce module.

Printed by Libri Plureos GmbH in Hamburg, Germany